环球网校

严格按照全新考试大纲编写

二级造价师

同步章节必刷题

建设工程计量与计价实务（安装工程）

环球网校造价工程师考试研究院　主编

东南大学出版社
SOUTHEAST UNIVERSITY PRESS
·南京·

图书在版编目(CIP)数据

建设工程计量与计价实务. 安装工程/环球网校造价工程师考试研究院主编.—南京:东南大学出版社,2024.1

二级造价师同步章节必刷题

ISBN 978-7-5766-1068-0

Ⅰ.①建… Ⅱ.①环… Ⅲ.①建筑安装—建筑造价管理—资格考试—习题集 Ⅳ.①TU723.3-44

中国国家版本馆 CIP 数据核字(2023)第 252624 号

责任编辑:马伟 责任校对:韩小亮 封面设计:环球网校·志道文化 责任印制:周荣虎

建设工程计量与计价实务(安装工程)

Jianshe Gongcheng Jiliang yu Jijia Shiwu(Anzhuang Gongcheng)

主　　编:环球网校造价工程师考试研究院

出版发行:东南大学出版社

出 版 人:白云飞

社　　址:南京四牌楼 2 号　邮编:210096　电话:025-83793330

网　　址:http://www.seupress.com

电子邮件:press@seupress.com

经　　销:全国各地新华书店

印　　刷:三河市中晟雅豪印务有限公司印刷

开　　本:787 mm×1 092 mm　1/16

印　　张:11.5

字　　数:284 千字

版　　次:2024 年 1 月第 1 版

印　　次:2024 年 1 月第 1 次印刷

书　　号:ISBN 978-7-5766-1068-0

定　　价:45.00 元

环球君带你学造价

《造价工程师职业资格制度规定》指出造价工程师纳入国家职业资格目录，属于准入类职业资格。工程造价咨询企业、工程建设活动中有关工程造价管理的岗位，应按需要配备造价工程师。二级造价工程师主要协助一级造价工程师开展相关工作，可独立开展以下具体工作：建设工程工料分析、计划、组织与成本管理；施工图预算、设计概算编制；建设工程量清单、最高投标限价、投标报价编制；建设工程合同价款、结算价款和竣工决算价款的编制。取得二级造价工程师职业资格，可认定具备助理工程师职称，并可作为申报高一级职称的条件。因此，近年来，二级造价工程师的考生人数逐年增加，但考试通过率不高，考试难度较大。

二级造价工程师职业资格考试设 2 个科目：基础科目——建设工程造价管理基础知识；专业科目——建设工程计量与计价实务。其中，专业科目分为土木建筑工程、交通运输工程、水利工程和安装工程 4 个专业类别，考生在报名时可根据实际工作需要选择其一。二级造价工程师职业资格考试成绩实行 2 年为一个周期的滚动管理办法，参加全部 2 个科目考试的人员必须在连续的 2 个考试年度内通过全部科目，方可取得二级造价工程师职业资格证书。

为帮助考生合理进行复习规划、巩固知识、理顺思路、提高应试能力，环球网校造价工程师考试研究院依据《二级造价工程师职业资格考试大纲》，精心选择并剖析常考知识点，倾心打造了这本同步章节必刷题。环球网校造价工程师考试研究院建议您按照如下方法使用本书：

◇ **科学规划 强化做题**

本套必刷题对二级造价工程师职业资格考试的章节习题进行了梳理，按照章节顺序分配到 8 周中，为考生提供了强化阶段的科学的复习规划。其中，前 7 周的主要学习任务是完成章节练习，查漏补缺，巩固知识；做完章节练习题，掌握全书知识脉络后，一定要做套卷进行模拟考试，因此第 8 周的主要学习任务是做真题汇编，进行实战演练，做好考试准备。建议考生在具备基本的专业知识和能力后，在强化阶段使用本套习题集，达到最佳复习效果。此外，坚持连续 8 周做题，有助于养成持之以恒的学习习惯，而好的学习习惯将使您受益终身。

◇ **以题带学 夯实基础**

学习方法有很多种，其中通过做题带动知识点的学习，无疑是效率极高的一种方法。环球网校造价工程师考试研究院依据最新考试大纲，按知识点精心选编章节习题，并对习题进行了分类——标注"必会"的知识点及题目是需要考生重点掌握的；标注"重要"的知识点及题目需要考生会做并能运用。此外，对于典型的题目，还设置了

"名师点拨"栏目，提醒您掌握做题思路、记忆方法，从而进一步提升应试能力。

◇ "码"上听课 高效备考

本书配有章节导学课，由环球网校造价工程师考试研究院的一线名师为大家讲解如何学习，您可以结合章节思维导图听章节导学课，构建知识框架，增强知识间的联系，从而提升专业能力，高效备考，顺利通过考试。

特别感谢环球网校造价工程师考试研究院的胡倩倩、武立叶、张静、吕浩、代玲敏、刘帅等老师的倾力付出。本套辅导用书在编写过程中，虽几经斟酌和校阅，仍难免有不足之处，恳请广大读者和考生予以批评指正。

相信本书可以帮助广大考生在短时间内熟悉出题"套路"、学会解题"思路"、找到破题"出路"。在二级造价工程师职业资格考试之路上，环球网校与您相伴，助您一次通关！

请大胆写出你的得分目标_____

环球网校造价工程师考试研究院

目录

时间管理达人　专为应试而打造

参考答案及解析

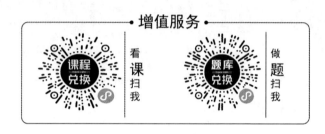

第一章

安装工程专业基础知识

（建议学习时间：**1**周）

学习计划（第1周）：

Day 1

Day 2

Day 3

Day 4

Day 5

Day 6

Day 7

扫码即听
本章导学

第一章 安装工程专业基础知识

知识脉络

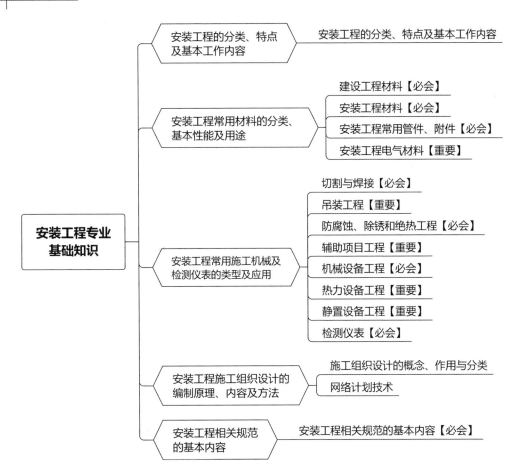

第一节 安装工程的分类、特点及基本工作内容

考点 安装工程的分类、特点及基本工作内容

一、单项选择题

1. 下列不属于安装工程项目范围的是（　　）。

　A. 与厂界或建筑物及各协作点相连的所有相关工程

　B. 输配电工程只以干线为界定线

　C. 与生产或运营相配套的生活区内的一切工程

　D. 在厂界或建筑物之内总图布置上表示的所有拟建工程

二、多项选择题

2. 下列不属于安装工程建设项目公用工程组成的有（　　　）。

    A. 废水处理回收用装置   B. 通信系统

    C. 运输通道   D. 给水管网

    E. 供热系统管网

第二节　安装工程常用材料的分类、基本性能及用途

考点 1　建设工程材料【必会】

一、单项选择题

1. 关于钢材中少量元素对钢材性能的影响，下列说法错误的是（　　　）。

    A. 钢材中含碳量超过 1% 时，钢材强度开始下降

    B. 磷是钢材中有害元素，磷使钢材产生冷脆性

    C. 钢材含碳量低，钢的强度低，塑性大

    D. 硫的含量增加不会降低钢材的塑性和韧性

2. 奥氏体不锈钢具有的性能是（　　　）。

    A. 韧性高   B. 屈服强度高

    C. 焊接性能不好   D. 通过热处理强化

3. 对铸铁的韧性和塑形影响最大的因素为（　　　）。

    A. 石墨的数量   B. 石墨的形状

    C. 石墨的大小   D. 石墨的分布

4. 某合金元素力学性能良好，尤其塑性、韧性优良，能适应多种腐蚀环境，多用于制造化工容器、电气与电子部件、苛性碱处理设备、耐海水腐蚀设备和换热器等。此种合金元素为（　　　）。

    A. 锰   B. 铬   C. 镍   D. 钒

5. 在非金属材料中，具有较高的抗压、耐酸碱腐蚀、耐磨性能，并适用于高温条件，但其脆性大、承受冲击荷载的能力低，此种材料为（　　　）。

    A. 石墨   B. 玻璃

    C. 陶瓷   D. 铸石

6. 安装工程中常用的聚丙烯材料，除具有质轻、不吸水，介电性和化学稳定性良好以外，其特点还有（　　　）。

    A. 耐光性能差   B. 耐热性差，易老化

    C. 低温韧性良好   D. 染色性能良好

二、多项选择题

7. 下列材料适用于 500℃ 保温工程的有（　　　）。

    A. 蛭石加石棉   B. 硅酸钙

    C. 石棉   D. 聚苯乙烯泡沫塑料

    E. 硅藻土

8. 下列对于聚四氟乙烯性能描述正确的有（　　　）。

    A. 耐高、低温性能优良   B. 摩擦系数极低

    C. 强度高   D. 介电常数和介电损耗最小

E. 冷流性弱

9. 下列属于复合材料特点的有（　　）。

  A. 耐疲劳性高   B. 抗蠕变能力低

  C. 耐腐蚀性好   D. 抗断裂能力强

  E. 减振性差

考点 2 　安装工程材料【必会】

一、单项选择题

10. 特别适用于对耐候性要求很高的桥梁或化工厂设施的新型涂料是（　　）。

  A. 聚氨酯漆   B. 环氧煤沥青

  C. 三聚乙烯防腐涂料   D. 氟-46 涂料

11. 用来输送高温、高压汽、水等介质或高温高压含氢介质的管材为（　　）。

  A. 螺旋缝焊接钢管   B. 双层卷焊钢管

  C. 一般无缝钢管   D. 锅炉用高压无缝钢管

12. 特点是经久耐用，抗腐蚀性强、性质较脆，多用于耐腐蚀介质及给排水工程的管材是（　　）。

  A. 双面螺旋缝焊管   B. 单面螺旋缝焊管

  C. 合金钢管   D. 铸铁管

13. 适于汽车和冷冻设备、电热电器工业中的刹车管、燃料管、润滑油管、加热或冷却器等的金属钢管为（　　）。

  A. 合金钢管   B. 直缝电焊钢管

  C. 双层卷焊钢管   D. 螺旋缝钢管

14. 特点是无毒、耐化学腐蚀，在常温下无任何溶剂能溶解，是最轻的热塑性塑料管，具有较高的强度，较好的耐热性，最高工作温度可达 95℃，目前它被广泛地用在冷热水供应系统中，但其低温脆化温度仅为 −15～0℃，在北方地区其应用受到一定限制，这种非金属管材是（　　）。

  A. 超高分子量聚乙烯管   B. 聚乙烯管（PE 管）

  C. 交联聚乙烯管（PEX 管）   D. 无规共聚聚丙烯管（PP-R 管）

二、多项选择题

15. 下列属于聚乙烯管特点的有（　　）。

  A. 耐热性能不好，不能作为热水管   B. 韧性好、可盘绕

  C. 无毒、耐蚀性差   D. 强度较低，适于低压环境

  E. 抗冲击性和耐久性比聚氯乙烯差

16. 焊条药皮熔化后产生熔渣的主要成分为 SiO_2、TiO_2、Fe_2O_3 等氧化物，该焊条的使用特点有（　　）。

  A. 对铁锈、水分不敏感   B. 焊缝中出现的氢气孔较少

  C. 焊缝金属力学性能较高   D. 有利于保障焊工的身体健康

  E. 焊缝金属合金化效果好

17. 熔渣的主要成分是大理石、萤石等的焊条具有的特性有（　　）。

  A. 焊缝金属合金化效果较好

  B. 不容易出现氢气孔

  C. 焊缝金属的抗裂性均较好

D. 可用于合金钢和重要碳钢结构的焊接

E. 合金元素氧化效果好

18. 常用耐腐蚀涂料中，具有良好耐碱性能的有（ ）。

A. 酚醛树脂漆   B. 环氧-酚醛漆

C. 环氧树脂涂料   D. 呋喃树脂漆

E. 漆酚树脂漆

考点 3   安装工程常用管件、附件【必会】

一、单项选择题

19. 垫片很少受介质的冲刷和腐蚀，适用于易燃、易爆、有毒介质及压力较高的重要密封的法兰是（ ）。

A. 环连接面型   B. 突面型

C. 凹凸面型   D. 榫槽面型

20. 法兰密封件截面尺寸小，质量轻，消耗材料少，且使用简单，安装、拆卸方便，特别是具有良好的密封性能，使用压力可达高压范围，此种密封面形式为（ ）。

A. 凹凸面型   B. 榫槽面型

C. O 形圈面型   D. 环连接面型

21. 填料式补偿器主要由带底脚的套筒、插管和填料函三部分组成，下列不属于其使用特点的是（ ）。

A. 安装方便，占地面积小

B. 填料适用寿命长，无需经常更换

C. 流体阻力小，补偿能力较大

D. 轴向推力大，易漏水漏气

22. 只适用于压力等级比较低，压力波动、振动及震荡均不严重的管道系统中的法兰是（ ）。

A. 对焊法兰   B. 平焊法兰

C. 松套法兰   D. 螺纹法兰

23. 不仅在石油、煤气、化工、水处理等一般工业上得到广泛应用，而且还应用于热电站的冷却水系统，结构简单、体积小、质量轻，只由少数几个零件组成，操作简单，且有较好的流量控制特性，适合安装在大口径管道上的阀门是（ ）。

A. 截止阀   B. 闸阀

C. 止回阀   D. 蝶阀

24. 弹簧式安全阀的阀瓣被弹簧压紧在阀座上，平时阀瓣处于关闭状态，它是利用（ ）来平衡介质的压力。

A. 弹簧   B. 弹簧的压力

C. 阀瓣   D. 介质

25. 流体具有"低进高出"，流动阻力大，不适用于带颗粒和黏性较大的介质的阀门是（ ）。

A. 闸阀   B. 球阀

C. 截止阀   D. 止回阀

26. 管道补偿器中，填料补偿器的主要缺点为（ ）。

A. 补偿能力较小   B. 轴向推力大

C. 占地面积较大   D. 流动阻力较大

27. 在热力管道敷设中，补偿器的结构紧凑、占据空间位置小、只发生轴向变形，且轴向推力大、补偿能力小、制造困难，仅适用于管径较大、压力较低的场合，此种补偿器为（　　）。

A. 套筒式补偿器
B. 填料式补偿器
C. 波形补偿器
D. 球形补偿器

二、多项选择题

28. 下列属于金属垫片的有（　　）。

A. 金属包覆垫片
B. 金属缠绕垫片
C. 波形金属垫片
D. 环形金属垫片
E. 金属齿形复合垫片

29. 阀门的种类很多，按其动作特点划分，属于自动阀门的有（　　）。

A. 安全阀
B. 截止阀
C. 止回阀
D. 旋塞阀
E. 闸阀

30. 安全阀按构造不同，主要分为（　　）。

A. 弹簧式安全阀
B. 杠杆式安全阀
C. 比例式安全阀
D. 脉冲式安全阀
E. 活塞式安全阀

考点 4　安装工程电气材料【重要】

一、单项选择题

31. 电缆型号为 NH-VV$_{22}$（3×25＋1×16）表示的是（　　）。

A. 铜芯、聚乙烯绝缘和护套、双钢带铠装、三芯 25mm^2、一芯 16mm^2 耐火电力电缆
B. 铜芯、聚乙烯绝缘和护套、钢带铠装、三芯 25mm^2、一芯 16mm^2 阻燃电力电缆
C. 铜芯、聚氯乙烯绝缘和护套、双钢带铠装、三芯 25mm^2、一芯 16mm^2 耐火电力电缆
D. 铜芯、聚氯乙烯绝缘和护套、钢带铠装、三芯 25mm^2、一芯 16mm^2 阻燃电力电缆

32. 电缆通用外护层型号"23"表示的含义为（　　）。

A. 双钢带铠装聚乙烯护套
B. 双钢带铠装聚氯乙烯护套
C. 细圆钢丝铠装聚乙烯护套
D. 细圆钢丝铠装聚氯乙烯护套

33. 在火灾发生时能维持一段时间的正常供电，主要使用在应急电源至用户消防设备、火灾报警设备等供电回路的电缆类型为（　　）。

A. 阻燃电缆
B. 耐寒电缆
C. 耐火电缆
D. 耐高温电缆

34. 双绞线是由两根绝缘的导体扭绞封装而成，其扭绞的目的为（　　）。

A. 将对外的电磁辐射和外部的电磁干扰减到最小
B. 将对外的电磁辐射和外部的电感干扰减到最小
C. 将对外的电磁辐射和外部的频率干扰减到最小
D. 将对外的电感辐射和外部的电感干扰减到最小

35. 下列关于电缆型号：ZR-YJ（L）V$_{22}$-3×120-10-300 的表示方法说法不正确的是（　　）。

A. 铜（铝）芯交联聚乙烯绝缘、聚氯乙烯护套、细钢丝铠装
B. 三芯、120mm^2 阻燃电力电缆
C. 电压为 10kV
D. 长度为 300m

36. 可以在竖井、水中、有落差的地方铺设，且能承受外力的电力电缆型号为（   ）。
   A. $YJLV_{12}$ B. $YJLV_{22}$ C. $YJLV_{23}$ D. $YJLV_{32}$

37. 在架空配电线路中，具有优良的导线性能和较高的机械强度，且耐腐蚀性强，一般应用于电流密度较大或化学腐蚀较严重地区的是（   ）。
   A. 铜绞线   B. 铝绞线   C. 钢芯铝绞线   D. 裸导线

二、多项选择题

38. 下列关于控制电缆与电力电缆，正确的有（   ）。
   A. 电力电缆有铠装和无铠装的，控制电缆一般有编织的屏蔽层
   B. 电力电缆有铜芯和铝芯，控制电缆一般只有铜芯
   C. 电力电缆通常线径较粗，控制电缆截面一般不超过 $10mm^2$
   D. 电力电缆芯数多，控制电缆一般芯数少
   E. 电力电缆绝缘层较薄，用于一般低压控制

39. 与多模光纤传输模式相比，单模光纤的传输特点有（   ）。
   A. 模间色散很小，适用于远距离传输
   B. 耦合光能量小，传输频带较宽
   C. 光纤与光源、光纤与光纤间接口较困难
   D. 传输设备较便宜
   E. 发散角度大，对光源的要求低

40. 母线是各级电压配电装置中的中间环节，它的作用有（   ）。
   A. 汇集电能   B. 分配电能
   C. 传输电能   D. 反馈电能
   E. 二次回路导线

第三节　安装工程常用施工机械及检测仪表的类型及应用

考点 1　切割与焊接【必会】

一、单项选择题

1. 激光切割是一种无接触的切割方法，其切割的主要特点是（   ）。
   A. 切割质量差   B. 可切割金属与非金属材料
   C. 切割时生产效率不高   D. 适用于各种厚度材料的切割

2. 焊接质量好，但速度慢、生产效率低的非熔化极焊接方法为（   ）。
   A. 埋弧焊   B. 钨极惰性气体保护焊
   C. CO_2 气体保护焊   D. 等离子弧焊

3. 焊接时热效率高，熔深大，焊接速度高、焊接质量好，适用于有风环境和长焊缝焊接，但不适合焊接厚度小于 1mm 的薄板。此种焊接方法为（   ）。
   A. 焊条电弧焊   B. CO_2 电弧焊
   C. 氩弧焊   D. 埋弧焊

4. 下列焊接接头的坡口，不属于基本型坡口的是（   ）。
   A. Ⅰ形坡口   B. V形坡口
   C. 带钝边 J 形坡口   D. 单边 V 形坡口

5. 目的是为了提高钢件的硬度、强度和耐磨性，多用于各种工模具、轴承、零件等的焊后

热处理方法是（　　）。

A. 退火工艺 　　　　　　　　　　　B. 正火工艺

C. 淬火工艺 　　　　　　　　　　　D. 回火工艺

6. 工件经处理后可获得较高的力学性能，不仅强度较高，而且塑性、韧性更显著超过其他热处理工艺，主要用于重要结构零件的调质处理，此种热处理方法为（　　）。

A. 高温回火 　　　　　　　　　　　B. 中温回火

C. 正火 　　　　　　　　　　　　　D. 去应力退火

7. 将钢件加热到热处理工艺所要求的适当温度，保持一定时间后在空气中冷却，得到需要的基体组织结构。其目的是消除应力、细化组织、改善切削加工性能。这种生产周期短、能耗低的热处理工艺为（　　）。

A. 正火工艺 　　　　　　　　　　　B. 完全退火

C. 不完全退火 　　　　　　　　　　D. 去应力退火

8. 对于气焊焊口，通常采用的热处理方法为（　　）。

A. 正火处理 　　　　　　　　　　　B. 高温回火

C. 正火加高温回火 　　　　　　　　D. 去应力退火

9. 无损探伤中，仅能检测出各种导体表面和近表面缺陷的方法为（　　）。

A. 液体渗透探伤 　　　　　　　　　B. 中子射线探伤

C. 涡流探伤 　　　　　　　　　　　D. 磁粉探伤

二、多项选择题

10. 与氧-乙炔火焰切割相比，氧-丙烷火焰切割的优点有（　　）。

A. 火焰温度较低，切割预热时间长

B. 总的切割成本远低于氧-乙炔火焰切割

C. 成本低廉，易于液化和灌装，安全性高，环境污染小

D. 选用合理的切割参数时，其切割面的粗糙度较优

E. 丙烷的点火温度低于乙炔点火温度，安全性高

11. 超声波探伤与X射线探伤相比，具有的特点有（　　）。

A. 探伤灵敏度高 　　　　　　　　　B. 周期长、成本高

C. 适用于任意工作表面 　　　　　　D. 适合于厚度较大的零件

E. 缺陷显示直观

12. 液体渗透检验的优点有（　　）。

A. 不受被检试件几何形状、尺寸大小、化学成分和内部组织结构的限制

B. 大批量的零件可实现100%的检验

C. 检验的速度快，操作比较简便

D. 可以显示缺陷的深度及缺陷内部的形状和大小

E. 只能检出试件开口于表面的缺陷

13. 与钢的退火工艺相比，下列属于正火特点的有（　　）。

A. 冷却速度快，过冷度较小

B. 生产周期长，能耗较高

C. 处理后的工件强度、硬度较高

D. 处理后的工件韧度较高

E. 在可能情况下，应优先考虑正火处理

考点 2　吊装工程【重要】

一、单项选择题

14. 起重机吊装载荷是指（　　）。
    A. 吊物重量
    B. 吊物重量乘载荷系数
    C. 吊物重量加吊索及附件重量
    D. 吊物重量加吊索重量之和乘载荷系数

15. 千斤顶的使用要求不包括（　　）。
    A. 垂直使用，水平使用时应支撑牢固
    B. 底部应有足够的支撑面积
    C. 作用力应通过承压中心
    D. 升降时不得随时调整保险垫块高度

16. 选用流动式起重机时，主要是根据（　　）。
    A. 起重机的吊装特性曲线图表
    B. 起重机卷扬的最大功率
    C. 起重机的行走方式
    D. 起重机吊臂的结构形式

17. 塔式起重机的适用范围是（　　）。
    A. 单件重量大的大、中型设备的吊装
    B. 适用于在某一范围内数量多，单件设备重量小的设备吊装
    C. 吊装速度慢，台班费高
    D. 适用于特重、特高和场地受到特殊限制的设备、构件吊装

二、多项选择题

18. 机械化吊装设备中，履带起重机的工作特点有（　　）。
    A. 行驶速度快
    B. 转移场地需要用平板拖车运输
    C. 能全回转作业
    D. 除起重作业外，在臂架上还可装打桩、抓斗、拉铲等工作装置，一机多用
    E. 可以载荷行驶作业

19. 下列关于吊装方法的使用，说法正确的有（　　）。
    A. 直升机吊装可用于山区、高空吊装作业
    B. 塔式起重机应用于周期较短的吊装工程
    C. 桥式起重机多在仓库、厂房、车间内使用
    D. 缆索系统适用于重量、跨度、高度较大的场合吊装作业
    E. 大型构件整体提升采用液压提升法

考点 3　防腐蚀、除锈和绝热工程【必会】

一、单项选择题

20. 经彻底的喷射或抛射除锈，钢材表面无可见的油脂和污垢，且氧化皮、铁锈和油漆涂层等附着物已基本清除，其残留物应是牢固附着的，此除锈质量等级为（　　）。
    A. Sa1 　　　　　　　　　　　　　　B. Sa2

C. Sa2.5   D. Sa3

21. 涂料涂覆工艺中，为保障环境安全，需要设置废水处理工艺的涂覆方法是（   ）。

    A. 电泳涂装法   B. 静电喷涂法

    C. 压缩空气喷涂法   D. 高压无空气喷涂法

22. 保冷结构由内到外分别为（   ）。

    A. 防腐层、防潮层、保冷层、保护层

    B. 防腐层、保冷层、防潮层、保护层

    C. 防潮层、防腐层、保冷层、保护层

    D. 保冷层、防腐层、防潮层、保护层

23. 采用阻燃性沥青玛琋脂贴玻璃布做防潮隔气层时，其适用场合为（   ）。

    A. 在纤维质绝热面上施工

    B. 在硬质预制块绝热面上施工

    C. 在半硬质制品绝热面上施工

    D. 在软质制品绝热面上施工

二、多项选择题

24. 与衬铅设备相比，搪铅设备使用的不同点有（   ）。

    A. 传热性能好

    B. 适用于负压情况

    C. 适用于立面

    D. 适用于回转运动和振动下工作

    E. 适用于正压情况

25. 绝热工程中，必须设置防潮层的管道应有（   ）。

    A. 架空敷设保温管道   B. 埋地敷设保温管道

    C. 架空敷设保冷管道   D. 埋地敷设保冷管道

    E. 热力管道

考点 4 辅助项目工程【重要】

一、单项选择题

26. 某 $DN100$ 的输送常温液体的管道，在安装完毕后应做的后续辅助工作为（   ）。

    A. 气压试验，蒸汽吹扫

    B. 气压试验，压缩空气吹扫

    C. 水压试验，水清洗

    D. 水压试验，压缩空气吹扫

27. 对有严重锈蚀和污染的液体管道，当使用一般清洗方法未能达到要求时，可采取将管道分段进行（   ）。

    A. 高压空气吹扫   B. 高压蒸汽吹扫

    C. 高压水冲洗   D. 酸洗

28. 承受内压的设计压力为 0.3MPa 的埋地钢管道，其液压试验的压力应为（   ）。

    A. 0.20MPa   B. 0.22MPa

    C. 0.30MPa   D. 0.45MPa

29. 承受内压的地上有色金属管道，设计压力为 0.7MPa，其液压试验的压力应为（   ）。

    A. 0.60MPa   B. 0.67MPa

C. 1.05MPa D. 0.90MPa

二、多项选择题

30. 下列管道中，除了强度试验和严密性试验以外，还要做泄漏性试验的有（ ）。

A. 高压蒸汽管道 B. 燃气管道

C. 输送硫化物气体管道 D. 热水管道

E. 煤气管道

31. 下列关于管道气压试验的方法和要求叙述正确的有（ ）。

A. 泄漏性试验的压力为设计压力1.1倍

B. 泄漏性试验采用涂刷中性发泡剂来检查有无泄漏

C. 工艺管道除了强度试验和严密性试验以外，有些管道还要做一些特殊试验

D. 真空系统在压力试验合格后，还应按设计文件规定进行24h的真空度试验，以增压率不大于10%为合格

E. 泄漏试验检查重点是阀门填料函、法兰或者螺纹连接处等

考点 5 机械设备工程【必会】

一、单项选择题

32. 与基础浇灌在一起，底部做成开叉形、环形、钩形等形状，以防止地脚螺栓旋转和拔出，这种地脚螺栓为（ ）。

A. 活动地脚螺栓 B. 固定地脚螺栓

C. 粘结地脚螺栓 D. 胀锚地脚螺栓

33. 对于机械设备安装时垫铁的放置，说法正确的是（ ）。

A. 斜垫铁用于承受主要负荷和较强连续振动

B. 垫铁组伸入设备底座的长度不得超过地脚螺栓的中心

C. 每组垫铁总数一般不得超过3块

D. 同一组垫铁几何尺寸要相同

34. 某输送机结构简单，安装、运行、维护方便，节省能量，操作安全可靠，使用寿命长，在规定距离内每吨物料运费较其他设备低。此种输送设备为（ ）。

A. 斗式输送机 B. 链式输送机

C. 螺旋输送机 D. 带式输送机

35. 既适用于输送腐蚀性、易燃、易爆、剧毒及贵重液体，也适用于输送高温、高压、高熔点液体，广泛用于石化及国防工业的泵为（ ）。

A. 屏蔽泵 B. 离心式耐腐蚀泵

C. 筒式离心泵 D. 离心式杂质泵

36. 泵体是水平中开式，进口管呈喇叭形，主要用于农业大面积灌溉排涝、城市排水以及船坞升降水位，属于低扬程大流量的泵是（ ）。

A. 往复泵 B. 混流泵

C. 离心泵 D. 轴流泵

37. 气流速度低，效率高，压力范围广，适用性强，外形尺寸及重量较大，结构复杂，易损件多，排气脉动性大的压缩机为（ ）。

A. 离心式压缩机 B. 回转式压缩机

C. 活塞式压缩机 D. 透平式压缩机

二、多项选择题

38. 对精密零件、滚动轴承等不可采用的清洗方法有（　　）。
    A. 擦洗法
    B. 喷洗法
    C. 超声波装置清洗
    D. 浸-喷联合清洗
    E. 涮洗法

39. 能够用于提升倾角大于20°的散装固体物料的输送设备有（　　）。
    A. 吊斗提升机
    B. 斗式提升机
    C. 带式输送机
    D. 斗式输送机
    E. 振动输送机

40. 下列关于埋刮板输送机说法正确的有（　　）。
    A. 具有全封闭式的机壳
    B. 对空气污染较大
    C. 可输送有毒或有爆炸性的物料
    D. 采用惰性气体保护被输送物料
    E. 可以输送粉状物料

41. 按照作用原理分类，泵可分为动力式泵、容积式泵及其他类型泵。下列属于动力式泵的有（　　）。
    A. 混流泵
    B. 离心泵
    C. 旋涡泵
    D. 齿轮泵
    E. 隔膜泵

42. 与离心式通风机相比，轴流式通风机的使用特点有（　　）。
    A. 流量大、风压低
    B. 体积较大
    C. 动叶、导叶可调节
    D. 使用范围和经济性较差
    E. 流量小、风压高

43. 与活塞式压缩机相比，透平式压缩机的主要性能特点有（　　）。
    A. 适用性强，排气压力在较大范围内变动时，排气量不变
    B. 小流量、超高压范围不适用
    C. 机组零件多用普通合金材料
    D. 排气均匀无脉动，气体中不含油
    E. 旋转零部件常用高强度合金钢

44. 风机运转时应符合相关规范要求，下列表述正确的有（　　）。
    A. 风机试运转时，以电动机带动的风机均应经一次启动立即停止运转的试验
    B. 风机启动后，转速不得在临界转速附近停留
    C. 风机运转中轴承的进油温度应高于40℃
    D. 风机的润滑油冷却系统中的冷却压力必须低于油压
    E. 风机停止转动后，应待轴承回油温度降到小于45℃后，再停止油泵工作

考点 6　热力设备工程【重要】

一、单项选择题

45. 容量是锅炉的主要性能指标之一，热水锅炉容量单位是（　　）。
    A. kg/（m² · h）
    B. kW
    C. MW
    D. kJ/（m² · h）

46. 锅炉出口工质压力为 9.81MPa 属于（　　）锅炉。
    A. 低压
    B. 中压
    C. 高压
    D. 超高压

47. 锅炉受热面发热率是反映锅炉工作强度的指标，其数值越大，表示（　　）。
    A. 传热效果越好
    B. 传热效果越差
    C. 热经济性越好
    D. 热经济性越差

48. 型号为 DZW1.4-0.7/95/70-AⅡ型的锅炉，表示为（　　）。
    A. 单锅筒纵置式，往复推动炉排炉，额定热功率为 1.4MW，允许工作压力为 0.7MPa，出水温度为 95℃，进水温度为 70℃，燃用Ⅱ类烟煤的热水锅炉
    B. 双锅筒纵置式，往复推动炉排炉，额定热功率为 1.4MW，允许工作压力为 0.7MPa，出水温度为 95℃，进水温度为 70℃，燃用Ⅱ类烟煤的热水锅炉
    C. 单锅筒纵置式，往复推动炉排炉，额定热功率为 0.7MW，允许工作压力为 1.4MPa，出水温度为 95℃，进水温度为 70℃，燃用Ⅱ类烟煤的热水锅炉
    D. 单锅筒纵置式，往复推动炉排炉，额定热功率为 1.4MW，允许工作压力为 0.7MPa，出水温度为 95℃，进水温度为 70℃，燃用Ⅱ类烟煤的蒸水锅炉

49. 适合处理烟气量大和含尘浓度高的场合，可以单独采用，也可以安装在文丘里洗涤器后作为脱水器，在我国已得到了广泛利用的除尘器为（　　）。
    A. 布袋除尘器
    B. 麻石水膜除尘器
    C. 旋风水膜除尘器
    D. 旋风除尘器

二、多项选择题

50. 蒸汽锅炉安全阀的安装和试验符合要求的有（　　）。
    A. 安装前安全阀应逐个进行严密性试验
    B. 按较高压力进行整定的安全阀必须是过热器上的安全阀
    C. 安全阀应铅垂安装
    D. 省煤器安全阀整定压力应在蒸汽严密性试验后用水压的方法
    E. 蒸发量大于 0.5t/h 的锅炉，至少应装设两个安全阀（包括省煤器上的安全阀）

考点 7　静置设备工程【重要】

一、单项选择题

51. 设备按设计压力（P）分类，高压设备的压力范围是（　　）。
    A. $P > 0.1$MPa
    B. 0.1MPa $\leq P < 1.6$MPa
    C. 10MPa $\leq P < 100$MPa
    D. 1.6MPa $\leq P < 10$MPa

52. 能够提供气、液两相充分接触的机会，使传质、传热两种过程同时进行，且还可使接触后的气、液两相及时分开，具备此类功能的设备为（　　）。
    A. 塔器
    B. 釜式反应器
    C. 流化床反应器
    D. 列管式换热器

53. 塔结构简单，阻力小、可用耐腐蚀材料制造，尤其对于直径较小的塔，在处理有腐蚀性物料或减压蒸馏时，具有明显的优点。此种塔设备为（　　）。
    A. 填料塔
    B. 筛板塔
    C. 泡罩塔
    D. 浮阀塔

54. 能有效地防止风、沙、雨雪或灰尘的侵入，减少液体蒸发损失，减少罐壁顶腐蚀的油罐为（　　）。

    A. 固定顶储罐

    B. 无力矩顶储罐

    C. 外浮顶储罐

    D. 内浮顶储罐

55. 具有占地面积较小，基础工程量小的特点，在相同直径情况下，承压能力最好的容器是（　　）。

    A. 矩形容器

    B. 圆筒形容器

    C. 球形容器

    D. 管式容器

二、多项选择题

56. 压力容器按设备在生产工艺过程中的作用原理分类，属于反应压力容器的有（　　）。

    A. 合成塔

    B. 分离器

    C. 气提塔

    D. 聚合釜

    E. 储罐

考点 8　检测仪表【必会】

一、单项选择题

57. 常用于低温区的温度监测器，测量精度高、性能稳定，不仅广泛应用于工业测温，而且被制成标准的基准仪为（　　）。

    A. 热电阻温度计

    B. 热电偶温度计

    C. 双金属温度计

    D. 辐射式温度计

58. 适用于精密地、连续或间断地测量管道中液体的流量或瞬时流量，特别适用于重油、聚乙烯醇、树脂等黏度较高介质的流量测量。这种流量计为（　　）

    A. 玻璃管转子流量计

    B. 电磁流量计

    C. 涡轮流量计

    D. 椭圆齿轮流量计

59. 一种测量导电性流体流量的仪表，无阻流元件，可以测量含有固体颗粒或纤维的液体、腐蚀性及非腐蚀性液体，这种流量计为（　　）。

    A. 玻璃管转子流量计

    B. 电磁流量计

    C. 涡轮流量计

    D. 椭圆齿轮流量计

60. 能够测量具有腐蚀性、高黏度、易结晶、含有固体状颗粒、温度较高液体介质的压力的检测仪表是（　　）。

    A. 弹簧管式压力表

    B. 隔膜式压力表

    C. 防爆感应接点压力表

    D. 电阻远传式压力表

61. 具有防水、防腐蚀、隔爆、耐振动、直观、易读数、无汞害、坚固耐用等特点的温度测量仪表是（　　）。

    A. 压力式温度计

    B. 双金属温度计

    C. 玻璃液位温度计

    D. 热电偶温度计

二、多项选择题

62. 玻璃管转子流量计的特点有（　　）。

    A. 结构简单、维修方便

    B. 精度高

    C. 适用于有毒性介质及不透明介质

    D. 属于面积式流量计

    E. 属于压差式流量计

第四节　安装工程施工组织设计的编制原理、内容及方法

考点 1　施工组织设计的概念、作用与分类

一、单项选择题

1. 按编制对象不同，施工组织设计的三个层次是指（　　）。
   A. 单位工程组织总设计、单项工程施工组织设计和施工方案
   B. 施工组织总设计、单项工程施工组织设计和施工进度计划
   C. 施工组织总设计、单位工程施工组织设计和施工方案
   D. 指导性施工组织设计、实施性施工组织设计和施工方案

2. 超过一定规模的危险性较大的分部分项工程专项施工方案由（　　）组织召开专家论证会。
   A. 建设单位
   B. 监理单位
   C. 施工单位
   D. 建设单位技术负责人

3. 施工组织总设计应由总承包单位技术负责人审批后，向（　　）报批。
   A. 建设单位
   B. 项目技术负责人
   C. 施工技术负责人
   D. 监理

二、多项选择题

4. 下列属于施工组织设计应及时进行修改或补充的有（　　）。
   A. 工程设计有重大修改
   B. 主要施工方法有重大调整
   C. 项目经理变更
   D. 施工环境有重大改变
   E. 法律法规或规范修订和废止

5. 根据编制阶段的不同，施工组织设计可以划分为（　　）。
   A. 施工组织总设计
   B. 单位工程施工组织设计
   C. 分部分项工程施工组织设计
   D. 标前设计
   E. 标后设计

考点 2　网络计划技术

单项选择题

6. 在工程网络计划中，工作 M 的最迟完成时间为第 25 天，其持续时间为 6 天，工作有两项紧前工作，它们的最早完成时间分别为第 10 天和第 14 天，M 的总时差为（　　）天。
   A. 5　　　　　　　　　　　　　B. 6
   C. 9　　　　　　　　　　　　　D. 15

7. 工作 A 有四项紧后工作 B、C、D、E，其持续时间分别为：B＝3 天、C＝4 天、D＝8 天、E＝8 天，$LF_B＝10$、$LF_C＝12$、$LF_D＝13$、$LF_E＝15$，则 LF_A 为（　　）。

A. 8

B. 7

C. 5

D. 4

8. 相邻两个施工班组相继投入同一施工段开始工作的时间间隔称为（　　）。

A. 流水节拍

B. 搭接时间

C. 流水过程

D. 流水步距

第五节　安装工程相关规范的基本内容

考点　安装工程相关规范的基本内容【必会】

一、单项选择题

1. 根据《通用安装工程工程量计算规范》（GB 50856—2013），项目编码设置中的第四级编码的数字位数及表示含义为（　　）。

A. 2 位数，表示各分部工程顺序码

B. 2 位数，表示各分项工程顺序码

C. 3 位数，表示各分部工程顺序码

D. 3 位数，表示各分项工程顺序码

2. 根据《通用安装工程工程量计算规范》（GB 50856—2013），机械设备安装工程基本安装高度为（　　）。

A. 5m

B. 6m

C. 10m

D. 12m

3. 根据《通用安装工程工程量计算规范》（GB 50856—2013），项目安装高度若超过基本高度时，应在"项目特征"中描述。下列对于各工程基本安装高度说法不正确的是（　　）。

A. 给排水工程为 3.6m

B. 电气设备安装工程为 5m

C. 建筑智能化工程为 6m

D. 机械设备安装工程为 10m

4. 根据《建设工程工程量清单计价规范》（GB 50500—2013），下列关于工程量清单项目编码的说法中，正确的是（　　）。

A. 第三级编码为分部工程顺序码，由三位数字表示

B. 第五级编码应根据拟建工程的工程量清单项目名称设置，不得重码

C. 同一标段含有多个单位工程，不同单位工程中项目特征相同的工程应采用相同编码

D. 补充项目编码以"B"加上三位数字表示

5. 根据《通用安装工程工程量计算规范》（GB 50856—2013），附录 D 属于（　　）。

A. 机械设备安装工程

B. 热力设备安装工程

C. 电气设备安装工程

D. 通风空调工程

二、多项选择题

6. 下列关于工程量清单项目编码叙述正确的有（　　）。

A. 十至十二位应按附录的规定设置

B. 同一招标工程的项目编码不得有重码

C. 一、二位为附录分类顺序码

D. 七、八、九位为分项工程项目名称顺序

E. 十至十二位为清单项目名称顺序码

7. 下列安装项目不用计算操作高度增加费的有（　　）。

    A. 某单独承包刷油工程中，在管道上涂刷特种防腐涂料，涂刷高度为 4.5m

    B. 荧光灯安装高度 5.1m

    C. 某室内喷淋工程中用法兰连接的焊接钢管安装高度为 4.2m

    D. 某住宅管道工程，PPR 给水管安装高度为 3.6m

    E. 某厂房风机安装高度 4m

8. 根据《通用安装工程工程量计算规范》（GB 50856—2013），在编制某建设项目分部分项工程量清单时，包括五部分内容，其中有（　　）。

    A. 项目名称　　　　　　　　　　　　　B. 项目编码

    C. 计算规则　　　　　　　　　　　　　D. 工作内容

    E. 计量单位

9. 根据《通用安装工程工程量计算规范》（GB 50856—2013），下列选项中属于专业措施项目的有（　　）。

    A. 二次搬运　　　　　　　　　　　　　B. 吊装加固

    C. 防护棚制作、安装、拆除　　　　　　D. 平台铺设、拆除

    E. 安全文明施工

10. 根据《通用安装工程工程量计算规范》，以下选项属于通用措施项目的有（　　）。

    A. 非夜间施工增加　　　　　　　　　　B. 脚手架搭设

    C. 高层施工增加　　　　　　　　　　　D. 工程系统检测

    E. 冬雨季施工

11. 根据《建设工程工程量清单计价规范》（GB 50500—2013），关于分部分项工程量清单的编制，下列说法正确的有（　　）。

    A. 以重量计算的项目，其计量单位应为吨或千克

    B. 以吨为计量单位时，其计算结果应保留三位小数

    C. 以立方米为计量单位时，其计算结果应保留三位小数

    D. 以千克为计量单位时，其计算结果应保留一位小数

    E. 以立方米为计量单位时，其计算结果应保留两位小数

12. 根据《通用安装工程工程量计算规范》（GB 50856—2013），给排水、采暖管道室内外界限划分正确的有（　　）。

    A. 给水管以建筑物外墙皮 1.5m 为界，入口处设阀门者以阀门为界

    B. 排水管以建筑物外墙皮 3m 为界，有化粪池时以化粪池为界

    C. 采暖管地下引入室内以室内第一个阀门为界，地上引入室内以墙外三通为界

    D. 采暖管以建筑物外墙皮 1.5m 为界，入口处设阀门者以阀门为界

    E. 燃气管道地上引入室内的管道以墙外三通为界

13. 下列关于安装工业管道与市政工程管网工程的界定，叙述正确的有（　　）。

    A. 给水管道以厂区入口水表井为界

    B. 排水管道以厂区围墙外第一个污水井为界

    C. 热力以厂区入口第一个计量表（阀门）为界

    D. 燃气以市政管道碰头井为界

    E. 室外给排水管道以市政管道碰头井为界

14. 安装工程中电气设备安装工程与市政路灯工程界定正确的有（ ）。

    A. 住宅小区的路灯   B. 厂区道路的路灯

    C. 庭院艺术喷泉灯   D. 隧道灯

    E. 高速路灯

15. 环境保护费的工作内容包括（ ）。

    A. 生活垃圾清理外运

    B. 现场防扰民措施

    C. 现场操作场地硬化

    D. 大口径管道内施工时的通风措施

    E. 非夜间施工增加费

✏️学习笔记

第二章

安装工程主要施工的基本程序、工艺流程及施工方法

（建议学习时间：**1**周）

学习计划（第2周）：

Day 1

Day 2

Day 3

扫码即听
本章导学

Day 4

Day 5

Day 6

Day 7

第二章　安装工程主要施工的基本程序、工艺流程及施工方法

知识脉络

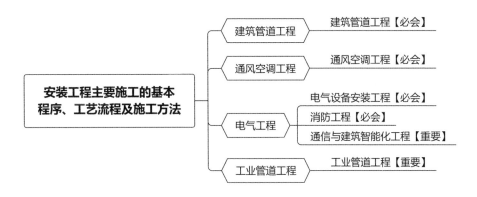

第一节　建筑管道工程

考点　建筑管道工程【必会】

一、单项选择题

1. 高层建筑允许分区设置水箱，优点是各区独立运行互不干扰，供水可靠，水泵集中管理，维护方便，运行费用经济，缺点是管线长，水泵较多，设备投资较高，水箱占用建筑物使用面积的给水方式是（　　）。

 A. 高位水箱并联供水　　　　　　　　　B. 高位水箱串联供水

 C. 减压水箱供水　　　　　　　　　　　D. 气压水箱供水

2. 给排水工程中使用的非金属材料主要是（　　）。

 A. 玻璃钢　　　　　　　　　　　　　　B. 陶瓷

 C. 塑料　　　　　　　　　　　　　　　D. 钛钢

3. 为给要求供水可靠性高且不允许供水中断的用户供水，宜选用的供水方式为（　　）。

 A. 环状网供水　　　　　　　　　　　　B. 树状网供水

 C. 间接供水　　　　　　　　　　　　　D. 直接供水

4. 适用于给水温度不大于 45℃、给水系统工作压力不大于 0.6MPa 的生活给水系统，宜采用承插式粘接、承插式弹性橡胶密封圈柔性连接和过渡性连接的给水管材是（　　）。

 A. 聚丙烯给水管　　　　　　　　　　　B. 聚乙烯给水管

 C. 工程塑料管　　　　　　　　　　　　D. 硬聚氯乙烯给水管

5. 室内给水管道安装各配水点安装完毕后应进行的后续工作顺序正确的是（　　）。

 A. 消毒冲洗→压力试验→防腐绝热　　　B. 压力试验→消毒冲洗→防腐绝热

 C. 压力试验→防腐绝热→消毒冲洗　　　D. 消毒冲洗→防腐绝热→压力试验

6. 建筑给水系统设有水箱时，水泵的扬程设置应（　　）。

    A. 满足最不利处的配水点或消火栓所需水压

    B. 满足距水泵直线距离最远处配水点或消火栓所需水压

    C. 满足水箱进水所需水压和消火栓所需水压

    D. 满足水箱出水所需水压和消火栓所需水压

7. 室内给水管与冷冻水管、热水管共架或同沟水平敷设时，给水管应敷设在（　　）。

    A. 冷冻水管下面、热水管上面

    B. 冷冻水管上面、热水管下面

    C. 几种管道的最下面

    D. 几种管道的最上面

8. 住宅建筑应在配水管上和分户管上设置水表，根据有关规定，（　　）水表在表前与阀门间应有 8～10 倍水表直径的直线管段。

    A. 旋翼式   B. 螺翼式

    C. 孔板式   D. 容积活塞式

9. 采暖系统中膨胀水箱的作用不包括（　　）。

    A. 容纳系统中水因温度变化而引起的膨胀水量

    B. 恒定系统的压力

    C. 系统提供压力

    D. 在重力循环上供下回系统和机械循环下供上回系统中起着排气作用

二、多项选择题

10. 在大型的高层建筑中，常将球墨铸铁管设计为总立管，其接口连接方式有（　　）。

    A. 橡胶圈机械式接口   B. 承插接口

    C. 螺纹法兰连接   D. 套管连接

    E. 焊接连接

11. 与钢制散热器相比，铸铁散热器的特点有（　　）。

    A. 金属耗量大

    B. 传热系数高于钢制散热器

    C. 防腐性好，使用寿命长

    D. 结构复杂，热稳定性差

    E. 承压能力高

12. 关于燃气管道的选用，说法正确的有（　　）。

    A. 室外高压燃气管道可选用铸铁管

    B. 室外高压燃气管道常采用钢管

    C. 适用于室外燃气管道的塑料管主要是聚乙烯（PE）管

    D. 室内中压燃气管一般选用镀锌钢管，螺纹连接

    E. 室内中压管道选用无缝钢管，连接方式为焊接或法兰连接

13. 室内燃气中压管道，选用无缝钢管，其连接方式应为（　　）。

    A. 螺纹连接   B. 卡箍连接

    C. 焊接   D. 法兰连接

    E. 粘接

第二节　通风空调工程

考点　通风空调工程【必会】

一、单项选择题

1. 通风（空调）工程中使用最广泛的风口是（　　）。

   A. 钢制风口
   B. 铝合金风口
   C. 塑料风口
   D. 铜合金风口

2. 进、出口均是矩形的，易于建筑配合，目前大量应用于空调挂机、空调扇、风幕机等设备产品中的通风机为（　　）。

   A. 离心式通风机
   B. 贯流式通风机
   C. 轴流式通风机
   D. 射流式通风机

3. 主要用于管网分流、合流或旁通处各支路风量调节的风阀是（　　）。

   A. 蝶式调节阀
   B. 对开式多叶调节阀
   C. 菱形单叶调节阀
   D. 三通调节阀

4. 空调系统按承担室内负荷的输送介质分类，属于空气-水系统的是（　　）。

   A. 双风管系统
   B. 带盘管的诱导系统
   C. 风机盘管系统
   D. 辐射板系统

5. 在通风工程中，低压风管严密性试验的试验压力为（　　）。

   A. 1.5 倍的工作压力
   B. 1.5 倍的工作压力，且不低于750Pa
   C. 1.2 倍的工作压力
   D. 1.2 倍的工作压力，且不低于750Pa

6. 火灾报警系统的设备安装中，属于按火灾探测器对现场信息采集原理划分的探测器类型是（　　）。

   A. 感烟探测器
   B. 感温探测器
   C. 点式探测器
   D. 线性探测器

二、多项选择题

7. 通风工程中，全面通风可分为（　　）。

   A. 稀释通风
   B. 单向流通风
   C. 双向流通风
   D. 均匀流通风
   E. 置换通风

8. 空调系统的冷凝水管宜采用的材料有（　　）。

   A. 焊接钢管
   B. 热镀锌钢管
   C. 聚氯乙烯塑料管
   D. 卷焊钢管
   E. 铸铁管

9. 圆形风管的无法兰连接中，其连接形式有（　　）。

   A. 承插连接
   B. 立咬口连接
   C. 芯管连接
   D. 抱箍连接
   E. 抽芯铆钉连接

第三节　电气工程

考点 1　电气设备安装工程【必会】

一、单项选择题

1. 下列建筑电气系统中，属于弱电系统的是（　　）。
   A. 电气照明
   B. 供电干线
   C. 变配电室
   D. 综合布线系统

2. 关于变配电工程，下列说法正确的为（　　）。
   A. 控制室的作用是提高功率因数
   B. 低压配电室的作用是接受电力
   C. 露天变电所要求低压配电室远离变压器
   D. 高层建设物变压器一律作用干式变压器

3. 具有简单的灭弧装置，能通断一定的负荷电流和过负荷电流，但不能断开短路电流的高压变配电设备是（　　）。
   A. 高压负荷开关
   B. 高压隔离开关
   C. 真空断路器
   D. SF6 断路器

4. 下列灯具中具有"小太阳"美称的是（　　）。
   A. 高压钠灯
   B. 白炽灯
   C. 氙灯
   D. 低压钠灯

5. 电动机铭牌标出的额定功率指（　　）。
   A. 电动机输入的总功率
   B. 电动机输入的电功率
   C. 电动机轴输出的机械功率
   D. 电动机轴输出的总功率

6. 具有断路保护功能，能起到灭弧作用，还能避免相间短路，常用于容量较大的负载上作短路保护。这种低压电气设备是（　　）。
   A. 螺旋式熔断器
   B. 瓷插式熔断器
   C. 封闭式熔断器
   D. 铁壳刀开关

7. 电线管连接时，可以采用的连接方式为（　　）。
   A. 电焊连接
   B. 气焊连接
   C. 对焊连接
   D. 丝扣连接

8. 防雷、接地装置施工程序，正确的是（　　）。
   A. 接地干线安装→接地体安装→引下线敷设→均压环安装→避雷带（避雷针）安装
   B. 接地体安装→引下线敷设→接地干线安装→避雷带（避雷针）安装→均压环安装
   C. 接地体安装→接地干线安装→引下线敷设→避雷带（避雷针）安装→均压环安装
   D. 接地体安装→接地干线安装→引下线敷设→均压环安装→避雷带（避雷针）安装

9. 防雷系统安装方法正确的是（　　）。
   A. 避雷网及接地装置施工程序为先安装接地装置，再安装引下线
   B. 引下线沿外墙明敷离地面 1m 处设断接卡子
   C. 装有避雷针的 3mm 厚的金属筒体作避雷针引下线
   D. 独立避雷针接地装置与道路距离为 2m

二、多项选择题

10. 高压钠灯发光效率高，属于节能型光源，其特点有（　　）。
    A. 黄色光谱透雾性能好
    B. 最适于交通照明
    C. 耐震性能好
    D. 功率因数高
    E. 使用寿命最长

11. 当电动机容量较大时，为降低启动电流，常用的减压启动方法有（　　）。
    A. 绕线转子同步电动机启动法
    B. 绕线转子异步电动机启动法
    C. 软启动器启动法
    D. 感应减压启动法
    E. 变频启动法

12. 填充料式熔断器的主要特点有（　　）。
    A. 具有限流作用
    B. 具有较高的极限分断能力
    C. 具有分流作用
    D. 具有较低的极限分断能力
    E. 不具备限流能力

13. 电缆安装工程施工时，下列做法正确的有（　　）。
    A. 直埋电缆做波浪形敷设
    B. 在三相四线制系统中采用三芯电缆另加一根单芯电缆
    C. 并联运行电缆采用不同型号、规格及长度的电缆
    D. 经过农田的电缆埋设深度不应小于0.8m
    E. 裸钢带铠装电缆不允许埋地敷设

14. 高压隔离开关的用途有（　　）。
    A. 在分闸位置时，被分离的触头之间有可靠绝缘的明显断口
    B. 在合闸位置时，能可靠地承载正常工作电流
    C. 在合闸位置时，能可靠地承载短路故障电流
    D. 可用以开断和关合所承载的电流
    E. 主要功能是隔离高压电源

考点 2　消防工程【必会】

一、单项选择题

15. 一般适用于工业领域中的石化、交通、电力部门和高层建筑内的柴油发电机房、燃油锅炉等处的灭火系统为（　　）。
    A. 自动喷水干式灭火系统
    B. 重复启闭预作用灭火系统
    C. 水幕系统
    D. 水喷雾灭火系统

16. 安装在消防系统管网或分区管网的末端，检验系统启动、报警及联动等功能的装置为（　　）。
    A. 报警控制器
    B. 水流指示器
    C. 消火栓
    D. 末端试水装置

17. 固定式泡沫灭火系统的泡沫喷射可分为液上喷射和液下喷射两种方式，液下喷射泡沫适用于（　　）。
    A. 内浮顶储罐
    B. 外浮顶储罐
    C. 双盘外浮顶储罐
    D. 固定拱顶储罐

18. 关于消防水池设置，说法错误的是（　　）。

    A. 生产、生活用水达最大，市政给水管网不能满足室内、室外消防给水设计流量

    B. 只有一条引入管，室外消火栓设计流量大于 20L/s

    C. 只有一路消防供水，建筑高于 80m

    D. 市政消防给水设计流量小于建筑室内外消防给水设计流量

19. 在自动喷水灭火系统管道安装中，下列做法正确的是（　　）。

    A. 管道穿过楼板时加设套管，套管应高出楼面 50mm

    B. 管道安装顺序为先支管，后配水管和干管

    C. 管道弯头处应采用补芯

    D. 管道横向安装宜设 0.001～0.002 的坡度，坡向排水管

二、多项选择题

20. 喷头是闭式的自动喷水灭火系统有（　　）。

    A. 自动喷水湿式灭火系统

    B. 自动喷水干式灭火系统

    C. 自动喷水预作用系统

    D. 自动喷水雨淋系统

    E. 水幕系统

21. 在气体灭火系统中，二氧化碳灭火系统适用于扑灭（　　）。

    A. 多油开关及发电机房火灾   B. 大中型电子计算机房火灾

    C. 硝化纤维和火药库火灾   D. 文物资料珍藏室火灾

    E. 活泼金属火灾

22. 某建筑需设计自动喷水灭火系统，考虑到冬季系统环境温度经常性低，建筑可以采用的系统有（　　）。

    A. 自动喷水湿式灭火系统

    B. 自动喷水预作用系统

    C. 自动喷水雨淋系统

    D. 自动喷水干湿两用灭火

    E. 自动喷水干式灭火系统

23. 室内消火栓给水管道采用热镀锌钢管，管径不大于 100mm 时宜采用的连接方式有（　　）。

    A. 螺纹连接   B. 卡箍管接头连接

    C. 焊接连接   D. 法兰连接

    E. 粘接

24. 水流指示器的连接方式有（　　）。

    A. 螺纹式   B. 焊接式

    C. 法兰式   D. 承插式

    E. 粘接式

考点 3　通信与建筑智能化工程【重要】

一、单项选择题

25. 有判断网络地址和选择 IP 路径的功能，能在网络互联环境中建立灵活的连接，可用完全不同的数据分组和介质访问方法连接各子网，属于网络层的一种互连设备，该设备

是（　　）。

A. 集线器　　　　　　　　　　　　　B. 路由器

C. 交换机　　　　　　　　　　　　　D. 网卡

26. 适用于网络流量较大的高速网络协议应用的网络传输介质是（　　）。

A. 屏蔽式双绞线　　　　　　　　　　B. 非屏蔽式双绞线

C. 粗缆线　　　　　　　　　　　　　D. 细缆线

27. 建筑物内，能实现对供电、给排水、暖通、照明、消防、安全防范等监控的系统为（　　）。

A. 建筑自动化系统（BAS）

B. 通信自动化系统（CAS）

C. 办公自动化系统（OAS）

D. 综合布线系统（PDS）

28. 超声波探测器是利用多普勒效应，属于当目标在防范区域空间移动时，反射的超声波引起探测器报警。该探测器属于（　　）。

A. 点型入侵探测器　　　　　　　　　B. 线型入侵探测器

C. 面型入侵探测器　　　　　　　　　D. 空间型入侵探测器

29. 能够为火灾探测器供电，并能接收、处理及传递探测点的火警电信号，发出声、光报警信号，同时显示及记录火灾发生的部位和时间，向联动控制器发出联动通信信号的装置为（　　）。

A. 消防通信设备　　　　　　　　　　B. 声光报警器

C. 火灾报警控制器　　　　　　　　　D. 手动报警按钮

二、多项选择题

30. 电话通信系统的主要组成部分包括（　　）。

A. 用户终端设备　　　　　　　　　　B. 传输系统

C. 用户分配网　　　　　　　　　　　D. 电话交换设备

E. 电话机

31. 火灾报警系统由火灾探测器、火灾报警控制器、联动控制器、火灾现场报警装置组成，其中具有报警功能的装置有（　　）。

A. 感烟探测器　　　　　　　　　　　B. 报警控制器

C. 声光报警器　　　　　　　　　　　D. 警笛

E. 警铃

32. 通信自动化系统（CAS）包括的子系统有（　　）。

A. 计算机网络　　　　　　　　　　　B. 电子商务

C. 有线电视　　　　　　　　　　　　D. 卫星通信

E. 出入口控制系统

第四节　工业管道工程

考点　**工业管道工程【重要】**

一、单项选择题

1. 公称直径为 32mm 的压缩空气管道，其连接方式可采用（　　）。

A. 法兰连接　　　　　　　　　　　　B. 螺纹连接

C. 焊接连接   D. 套管连接

2. 合金钢管道焊接时，为确保焊口管道内壁焊肉饱满、平整等，其底层和其上各层的焊接方法分别为（   ）。

   A. 手工氩弧焊，手工电弧焊

   B. 手工电弧焊，手工电弧焊

   C. 熔化极氩弧焊，手工氩弧焊

   D. 手工氩弧焊，埋弧焊

3. 公称直径大于 6mm 的高压奥氏体不锈钢管探伤，不能采用的探伤方法为（   ）。

   A. 磁力法   B. 荧光法

   C. 着色法   D. 超声波法

二、多项选择题

4. 关于压缩空气管道的安装，说法正确的有（   ）。

   A. $DN>50mm$ 时，宜采用焊接方式连接

   B. 从总管或干管上引出支管时，必须从总管或干管的底部引出

   C. 压缩空气管道安装完毕后，应进行强度和严密性试验，试验介质一般为水

   D. 强度及严密性试验前进行气密性试验

   E. 气密性试验介质为压缩空气或无油压缩空气

5. 钛及钛合金管应采用的焊接方法有（   ）。

   A. 惰性气体保护焊   B. 真空焊

   C. 氧-乙炔焊   D. 二氧化碳气体保护焊

   E. 手工电弧焊

6. 压缩空气站里常用的油水分离器形式有（   ）。

   A. 环形回转式   B. 撞击折回式

   C. 离心折回式   D. 离心旋转式

   E. 环形撞击式

7. 非磁性高压钢管，一般采用的探伤方法有（   ）。

   A. 荧光法   B. 磁力法

   C. 着色法   D. 微波法

   E. 涡流探伤

✎学习笔记

....

....

....

....

....

....

....

第三章

安装工程计量

（建议学习时间：**1**周）

学习计划（第3周）：

Day 1

Day 2

Day 3

Day 4

Day 5

Day 6

Day 7

扫码即听
本章导学

第三章 安装工程计量

知识脉络

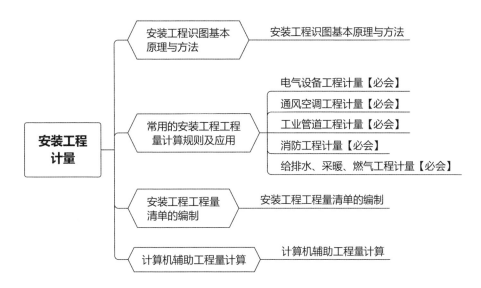

第一节 安装工程识图基本原理与方法

考点 ▮▮ 安装工程识图基本原理与方法

一、单项选择题

1. 下列选项中，表示桥架符号的是（ ）。

  A. PR

  B. CT

  C. MR

  D. JDG

2. 关于电气工程图知识点文字符号的表示，下列正确的是（ ）。

  A. 电力线路用 DL 表示

  B. 照明线路用 ZL 表示

  C. 电缆桥架用 CT 表示

  D. 硬塑料管用教材 VC 表示

二、多项选择题

3. 图纸中，标高注法应（ ）。

  A. 以"m"为单位，注写到小数点后第三位

  B. 建筑标高和结构标高同时标注

  C. 全用绝对标高

  D. 把底层室内主要地坪高定为相对标高的零点

  E. 零点标高应注写成 0.000

第二节　常用的安装工程工程量计算规则及应用

考点 1　电气设备工程计量【必会】

一、单项选择题

1. 下列母线中以"t"计量的是（　　）。

   A. 带形母线　　　　　　　　　　　　B. 槽形母线

   C. 低压封闭式插接母线槽　　　　　　D. 重型母线

2. 根据《通用安装工程工程量计算规范》（GB 50856—2013），利用基础钢筋作接地极，应执行的清单项目是（　　）。

   A. 接地极项目　　　　　　　　　　　B. 接地母线项目

   C. 基础钢筋项目　　　　　　　　　　D. 均压环项目

3. 根据《通用安装工程工程量计算规范》（GB 50856—2013），电气设备安装工程量计算规则，配线进入箱、柜、板的预留长度应为盘面尺寸的（　　）。

   A. 高＋宽　　　　　　　　　　　　　B. 高

   C. 宽　　　　　　　　　　　　　　　D. 按实计算

4. 根据《通用安装工程工程量计算规范》（GB 50856—2013），下列说法正确的是（　　）。

   A. 电缆进控制、保护屏及配电箱等的预留长度计入工程量

   B. 配管安装要扣除中间的接线盒、开关盒所占长度

   C. 母线的附加长度不计入工程量

   D. 架空导线进户线预留长度不小于 1.5m/根

5. 根据《通用安装工程工程量计算规范》（GB 50856—2013），单独安装的铁壳开关、自动开关的外部进出线预留长度应从（　　）。

   A. 安装对象最近端子接口算起

   B. 安装对象最近端子接口算起

   C. 安装对象下端往上 2/3 处算起

   D. 安装对象中心算起

6. 根据《通用安装工程工程量计算规范》（GB 50856—2013），电气照明工程中高度标志（障碍）灯、荧光灯的计量单位为（　　）。

   A. 个　　　　　　　　　　　　　　　B. 套

   C. 盒　　　　　　　　　　　　　　　D. 台

7. 电缆敷设有敷设弛度、波形弯度、交叉时，电缆预留长度应为电缆全长的（　　）。

   A. 1.5%　　　　　　　　　　　　　　B. 2.5%

   C. 3.9%　　　　　　　　　　　　　　D. 3.5%

二、多项选择题

8. 下列可以作为"电气设备安装工程"列项的有（　　）。

   A. 电气设备地脚螺栓浇注

   B. 过梁、墙、板套管安装

   C. 动力照明安装

   D. 防雷接地安装

   E. 电气调试

9. 根据《通用安装工程工程量计算规范》（GB 50856—2013），电气照明工程中按设计图示数量以"个"为计量单位的有（　　）。

    A. 一般路灯   B. 接线箱

    C. 桥架   D. 接线盒

    E. 荧光灯

考点 2　通风空调工程计量【必会】

一、单项选择题

10. 风管渐缩管、圆形风管按平均直径，矩形风管按（　　）计算。

        A. 平均周长   B. 周长

        C. 平均面积   D. 展开面积

11. 空调冷冻机组内的管道安装，应编码列项的工程项目是（　　）。

        A. 通风空调工程

        B. 工业管道工程

        C. 消防工程

        D. 给排水、采暖、燃气工程

12. 根据《通用安装工程工程量计算规范》（GB 50856—2013），计算通风管道制作安装工程量时，应按其设计图示以展开面积计算，其中需扣除的面积为（　　）。

        A. 送、吸风口面积   B. 风管蝶阀面积

        C. 测定孔面积   D. 检查孔面积

13. 关于风管计算规则正确的是（　　）。

        A. 不锈钢、碳钢风管按外径计算

        B. 玻璃钢和复合风管按内径计算

        C. 柔性风管按展开面积以"m^2"计算

        D. 风管展开面积，不扣除检查孔、测定孔、送风口、吸风口等所占面积

14. 根据《通用安装工程工程量计算规范》（GB 50856—2013），风管工程量中风管长度一律以设计图示中心线长度为准。风管长度中不包括（　　）的长度。

        A. 弯头长度   B. 变径管

        C. 阀门   D. 天圆地方

二、多项选择题

15. 根据《通用安装工程工程量计算规范》（GB 50856—2013），风管工程计量中风管长度一律以设计图示中心线长度为准。风管长度中包括（　　）。

        A. 弯头长度   B. 三通长度

        C. 天圆地方长度   D. 部件长度

        E. 排烟阀

16. 根据《通用安装工程工程量计算规范》（GB 50856—2013），通风空调工程的工程量计算，下列说法错误的有（　　）。

        A. 除尘设备按图示数量，以"台"计算

        B. 柔性通风管按图示内径尺寸以展开面积计算

        C. 风管检查孔，按质量或数量计算

        D. 静压箱，按展开面积计算时，应扣除开口的面积

        E. 风管漏光试验，按通风系统，以"系统"计算

17. 根据《通用安装工程工程量计算规范》（GB 50856—2013），通风空调工程中过滤器的计量方式有（　　）。

A. 以"台"计量，按设计图示数量计算

B. 以"个"计量，按设计图示数量计算

C. 以面积计量，按设计图示尺寸以过滤面积计算

D. 以面积计量，按设计图示尺寸计算

E. 以"kg"计量，按设计图示质量计算

考点 3　工业管道工程计量【必会】

一、单项选择题

18. 工程中某阀门的公称压力 1.6MPa，该阀门为（　　）。

A. 低压阀门　　　　　　　　　　　　　B. 中压阀门

C. 高压阀门　　　　　　　　　　　　　D. 超高压阀门

19. 管架制作安装，按设计图示质量（　　）为计量单位。

A. 个　　　　　　　　　　　　　　　　B. kg

C. m　　　　　　　　　　　　　　　　D. g

20. 根据工业管道安装工程量计算规则，各种管道安装工程量的计算方法为（　　）。

A. 接管道中心线长度，以"延长米"计算，不扣除阀门、管件所占长度

B. 接管道中心线长度，以"延长米"计算，扣除阀门长度，但不扣除管件长度

C. 接管道中心线长度，以"延长米"计算，遇弯管时，按中心线弯曲周长计算

D. 接管道中心线长度，以"延长米"计算，扣除管件长度，但不扣除阀门长度

21. 根据工业管道安装工程量计算规则，管道安装工程量的计算方法为设计管道中心线长度，以"延长米"计算，（　　）。

A. 不扣除阀门、管件所占长度

B. 扣除阀门长度，但不扣除管件长度

C. 不扣除阀门长度，但扣除管件长度

D. 遇弯管时，按中心线弯曲周长计算

22. 下列工业管道管件计量规则叙述，不正确的是（　　）。

A. 管件压力试验、吹扫、清洗、脱脂均不包括在管道安装中

B. 三通、四通、异径管均按大管径计算

C. 管件用法兰连接时执行法兰安装项目，管件本身不再计算安装

D. 计量单位为"个"

23. 根据《通用安装工程工程量计算规范》（GB 50856—2013），执行"工业管道工程"相关项目的是（　　）。

A. 厂区范围内的各种生产用介质输送管道安装

B. 厂区范围内的各种生活介质输送管道安装

C. 厂区范围内生产、生活共用介质输送管道安装

D. 厂区范围内的管道除锈、刷油及保温工程

二、多项选择题

24. 根据《通用安装工程工程量计算规范》（GB 50856—2013），对于在工业管道主管上挖眼接管的三通，下列关于工程量计量表述正确的有（　　）。

A. 三通不计管件制作工程量

B. 三通支线管径小于主管径 1/2 时，不计算管件安装工程量

C. 三通以支管径计算管件安装工程量

D. 三通以主管径计算管件安装工程量

E. 主管上挖眼接管的三通和摔制异径管，不另计制作费和主材费

25. 根据工业管道安装工程量计算规则，各种管件及附件工程量的计算方法有（　　）。

A. 管件压力试验、吹扫、清洗、脱脂均包括在管道安装中

B. 管件用法兰连接时执行法兰安装项目，管件本身也需计算工程量

C. 法兰按设计图示数量以"副（片）"计算

D. 阀门按设计图示数量以"个"计算

E. 管件包括弯头、三通、四通、异径管、阀门、补偿器等

考点 4　消防工程计量【必会】

一、单项选择题

26. 根据《通用安装工程工程量计算规范》（GB 50856—2013），水喷淋钢管、消火栓钢管，应（　　）。

A. 按设计图示管道中心线长度以"m"计算（不扣除阀门、管件及各种组件所占长度）

B. 按设计图示管道中心线长度以"m"计算（扣除阀门、管件及各种组件所占长度）

C. 按设计图示尺寸以"m"计算（不扣除阀门、管件及各种组件所占长度）

D. 按设计图示尺寸以"m"计算（扣除阀门、管件及各种组件所占长度）

27. 根据《通用安装工程工程量计算规范》（GB 50856—2013），水灭火系统报警装置按型号、规格以"组"计算，下列不属于湿式报警装置安装工程量内的是（　　）。

A. 压力表及压力开关　　　　　　　B. 试验阀及报警阀

C. 法兰及孔板　　　　　　　　　　D. 过滤器及延时器

28. 消防系统调试以"部"为单位的是（　　）。

A. 自动报警系统

B. 水灭火控制装置调试

C. 防火卷帘门调试

D. 消防电梯调试

二、多项选择题

29. 根据《通用安装工程工程量计算规范》（GB 50856—2013），喷淋系统水灭火管道、消火栓管道室内外界限划分为（　　）。

A. 以建筑物外墙皮 1.5m 为界

B. 入口处设阀门者应以阀门为界

C. 以泵间外墙皮 1.5m 为界

D. 以与市政给水管道碰头点（井）为界

E. 高等建筑以泵间外墙皮为界

30. 下列调试属于防火控制装置的调试有（　　）。

A. 防火卷帘门控制装置调试

B. 消防水炮控制装置调试

C. 消防水泵控制装置调试

D. 离心式排烟风机控制装置调试

E. 电动防火阀、电动排烟阀调试

31. 根据《通用安装工程工程量计算规范》（GB 50856—2013），消防系统调试工程量计算，下列说法不正确的有（　　）。

    A. 自动报警系统调试，按系统以"系统"计算

    B. 自动报警系统调试，按系统以"套"计算

    C. 水灭火系统控制装置调试，按设计图示数量以"点"计算，或按系统以"系统"计算

    D. 防火控制装置调试，按设计图示数量以"点"计算

    E. 气体灭火系统装置调试，按调试、检验和验收所消耗的试验容器总数以"点"计算

32. 根据《通用安装工程工程量计算规范》（GB 50856—2013），消防工程工程量计量时，下列装置按"组"计算的有（　　）。

    A. 消防水炮　　　　　　　　　　　B. 报警装置

    C. 末端试水装置　　　　　　　　　D. 温感式水幕装置

    E. 水泵接合器

33. 根据《通用安装工程工程量计算规范》（GB 50856—2013），属于预作用报警装置安装工程内容的有（　　）。

    A. 试压电磁阀　　　　　　　　　　B. 气压开关

    C. 延时器　　　　　　　　　　　　D. 泄放阀

    E. 水力警铃

34. 根据水灭火系统工程量计算规则，末端试水装置的安装包括（　　）。

    A. 压力表安装　　　　　　　　　　B. 控制阀安装

    C. 连接管安装　　　　　　　　　　D. 排水管安装

    E. 延时器安装

考点 5　给排水、采暖、燃气工程计量【必会】

一、单项选择题

35. 根据《通用安装工程工程量计算规范》（GB 50856—2013），系统给排水、采暖、燃气工程管道附加件中按设计图示数量以"个"计算的是（　　）。

    A. 倒流防止器　　　　　　　　　　B. 除污器

    C. 补偿器　　　　　　　　　　　　D. 疏水器

36. 根据《通用安装工程工程量计算规范》（GB 50856—2013），给排水、采暖、燃气工程计算管道工程量时，方形补偿器的长度计量方法正确的是（　　）。

    A. 以所占长度列入管道工程量内

    B. 以总长度列入管道工程量内

    C. 列入补偿器总长度的 1/2

    D. 列入补偿器总长度的 2/3

37. 按工程量清单计量规范规定，下列给排水、采暖、燃气管道工程量计量规则正确的为（　　）。

    A. 扣除减压器、疏水器等所占长度　　　B. 不扣除水表、伸缩器等所占长度

    C. 扣除阀门所占长度　　　　　　　　　D. 扣除附属构筑物所占长度

38. 根据《通用安装工程工程量计算规范》（GB 50856—2013），对于给排水、采暖、燃气管道的工程量，说法错误的是（　　）。

    A. 管道支架，可按图示质量，以"kg"计算

B. 螺纹阀门，按图示数量，以"个"计算

C. 地板辐射采暖，可按设计图示采暖房间净面积以"m²"计算

D. 光排管散热器制作安装，按设计图示散热器的面积以"m²"计算

二、多项选择题

39. 铸铁散热器的计量单位为（　　　）。

A. 组　　　　　　　　　　　　　　　　B. m

C. 片　　　　　　　　　　　　　　　　D. m²

E. 个

40. 按工程量清单计量规范规定，下列给排水、采暖、燃气管道工程量计量规则正确的有（　　　）。

A. 扣除减压器、疏水器等所占长度

B. 不扣除水表、伸缩器等所占长度

C. 扣除阀门所占长度

D. 不扣除附属构筑物所占长度

E. 按设计图示管道中心线以长度计算，计量单位为延长米

41. 在计算采暖管道工程量时，管道室内外界限划分为（　　　）。

A. 入口处设阀门者以阀门为界

B. 以建筑物外墙皮 1.5m 为界

C. 地下引入室内的管道以室内第一个阀门为界

D. 地上引入室内的管道以墙外三通为界

E. 以出户第一个排水检查井为界

第三节　安装工程工程量清单的编制

考点 　安装工程工程量清单的编制

一、单项选择题

1. 工程量清单是以（　　　）为单位编制。

A. 分部工程　　　　　　　　　　　　B. 分部分项工程

C. 单位（项）工程　　　　　　　　　D. 项目

2. 根据《建设工程工程量清单计价规范》（GB 50500—2013），关于其他项目清单的编制和计价，下列说法正确的是（　　　）。

A. 暂列金额由招标人在工程量清单中暂定

B. 暂列金额包括暂不能确定价格的材料暂定价

C. 专业工程暂估价中包括规费和税金

D. 计日工单价中不包括企业管理费和利润

二、多项选择题

3. 其他项目清单包括（　　　）。

A. 暂列金额　　　　　　　　　　　　B. 暂估价

C. 计日工　　　　　　　　　　　　　D. 总承包服务费

E. 环境保护费

第四节　计算机辅助工程量计算

考点　计算机辅助工程量计算

一、单项选择题

1. BIM 优化的基本原则不包括（　　）。

　　A. 小让大　　　　　　　　　　　　B. 无压让有压

　　C. 常温让低温　　　　　　　　　　D. 可弯让不可弯

二、多项选择题

2. 下列属于 BIM 技术在发承包阶段应用的有（　　）。

　　A. 工程量清单编制　　　　　　　　B. 成本计划管理

　　C. 最高投标报价编制　　　　　　　D. 设计概算的编审

　　E. 投标限价编制

3. 下列属于 BIM 技术特点的有（　　）。

　　A. 不可出图性　　　　　　　　　　B. 协调性

　　C. 参数化　　　　　　　　　　　　D. 数字化

　　E. 可视化

4. 工程量计算软件兼容性强，电子图纸可以（　　）形式导入。

　　A. CAD 图纸　　　　　　　　　　　B. Revit 模型

　　C. Word 文档　　　　　　　　　　 D. PDF 图纸

　　E. 照片

✎学习笔记

第四章

安装工程计价

（建议学习时间：**0.5**周）

学习计划（第4~4.5周）：

Day 1

Day 2

Day 3

Day 4

第四章　安装工程计价

知识脉络

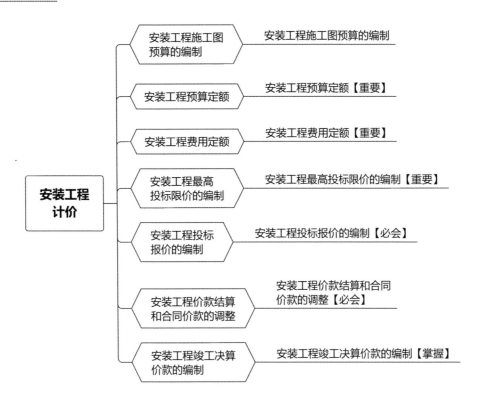

第一节　安装工程施工图预算的编制

考点　**安装工程施工图预算的编制**

一、单项选择题

1. 施工图预算是在（　　）阶段编制的计价文件。

    A. 可行性分析　　　　　　　　　　　　　B. 设计

    C. 施工　　　　　　　　　　　　　　　　D. 发承包

2. 实物量法编制施工图换算时，计算并复核工程量后紧接着进行的工作是（　　）。

    A. 套用定额单价，计算人材机费用

    B. 套用定额，计算人材机消耗量

    C. 汇总人材机费用

    D. 计算管理费等其他各项费用

3. 编制某单位工程施工图预算时，先根据地区统一单位估价表中的各项工程工料单价，乘以相应的工程量并相加，得到单位工程的人工费、材料费和机具使用费三者之和，再汇总其他费用求和。这种编制预算的方法是（　　）。

    A. 工料单价法
    B. 综合单价法

    C. 全费用单价法
    D. 实物量法

4. 采用实物量法与工料单价法编制施工图预算，其工作步骤差异体现在（　　）。

    A. 工程量的计算
    B. 直接费的计算

    C. 企业管理费的计算
    D. 税金的计算

二、多项选择题

5. 施图预算编制说明主要内容有（　　）。

    A. 编制依据
    B. 采用的定额

    C. 审核单位
    D. 工程名称

    E. 主要材料价格的来源

第二节　安装工程预算定额

考点　**安装工程预算定额【重要】**

一、单项选择题

1. 预算定额按生产要素划分，不包括（　　）。

    A. 劳动定额
    B. 材料消耗定额

    C. 企业定额
    D. 施工机械定额

2. 下列关于企业定额的说法，正确的是（　　）。

    A. 可以全国通用
    B. 可以作为招标控制计价基础

    C. 反映企业真实水平
    D. 属于地区定额

二、多项选择题

3. 综合单价包括（　　）。

    A. 人工费
    B. 材料费

    C. 施工机具使用费
    D. 税金

    E. 企业管理费

第三节　安装工程费用定额

考点　**安装工程费用定额【重要】**

一、单项选择题

1. （　　）是指按工资总额构成规定，支付给从事建筑安装工程施工的生产工人和附属生产单位工人的各项费用。

    A. 工人工资
    B. 校准工资

    C. 人工费
    D. 奖金

二、多项选择题

2. 人工费组成包括（　　）。

    A. 基本工资
    B. 绩效

    C. 计时工资或计件工资
    D. 奖金

E. 岗位绩效

3. 根据《建设工程工程量清单计价规范》（GB 50500—2013），不得作为竞争性费用的有（　　）。

A. 暂列金额   B. 安全文明施工费

C. 计日工   D. 规费

E. 税金

4. 下列属于建筑安装工程费用组成的有（　　）。

A. 措施项目费   B. 税金

C. 施工机具使用费   D. 利润

E. 规费

第四节　安装工程最高投标限价的编制

考点　安装工程最高投标限价的编制【重要】

单项选择题

1. 施工招标工程量清单中，应由投标人自主报价的其他项目是（　　）。

A. 专业工程暂估价   B. 暂列金额

C. 工程设备暂估价   D. 计日工单价

2. 关于招标控制价的相关规定，下列说法中正确的是（　　）。

A. 国有资金投资的工程建设项目，应编制招标控制价

B. 招标控制价应在招标文件中公布，仅需公布总价

C. 招标控制价超过批准概算 3% 以内时，招标人不必将其报原概算审批部门审核

D. 当招标控制价复查结论超过原公布的招标控制价 3% 以内时，应责成招标人改正

第五节　安装工程投标报价的编制

考点　安装工程投标报价的编制【必会】

一、单项选择题

1. 根据《建设工程工程量清单计价规范》（GB 50500—2013），下列关于计日工的说法中正确的是（　　）。

A. 招标工程量清单计日工数量为暂定，计日工费不计入投标总价

B. 发包人通知承包人以计日工方式实施的零星工作，承包人可以视情况决定是否执行

C. 计日工表的费用项目包括人工费、材料费、施工机具使用费、企业管理费和利润

D. 计日工金额不列入期中支付，在竣工结算时一并支付

二、多项选择题

2. 关于暂估价的计算方法，说法正确的有（　　）。

A. 编制招标控制价（最高投标限价、标底）时，按招标工程量清单中列出的材料、工程设备暂估价计入综合单价

B. 编制投标报价时，暂估价应由投标人自行确定

C. 编制投标报价时，暂估价应按招标人列出的材料、工程设备暂估价计入综合单价

D. 编制竣工结算时，应按招标人列出的材料、工程设备暂估价进行结算

E. 编制竣工结算时，应按发、承包双方最终确认价在综合单价中对材料、工程设备暂估价进行调整

第六节　安装工程价款结算和合同价款的调整

考点　安装工程价款结算和合同价款的调整【必会】

一、单项选择题

1. 法律法规政策类风险影响合同价款调整的，应由（　　）承担。

A. 承包人 　　　　　　　　　　　　　　 B. 材料供应商

C. 分包人 　　　　　　　　　　　　　　 D. 发包人

2. 某市政工程施工合同中约定，①基准日为 2020 年 2 月 20 日；②竣出日期为 2020 年 7 月 30 日；③工程价款结算时人工单价、钢材、商品混凝土及施工机具使用费采用价格指数法调验，各项权重系数及价格指数见下表，工程开工后，由于发包人原因导致原计划 7 月施工的工程延误至 8 月实施，2020 年 8 月承包人当月完成清单子目价款 3 000 万元，当月按已标价工程量清单价格确认的变更金额为 100 万元，则本工程 2020 年 8 月的价格调整金额为（　　）万元。

	人工	钢材	商品混凝土	施工机具使用费	定值部分
权重系数	0.15	0.10	0.30	0.10	0.35
2020 年 2 月指数	100.0	85.0	113.4	110.0	—
2020 年 7 月指数	105.0	89.0	118.6	113.0	—
2020 年 8 月指数	104.0	88.0	116.7	112.0	—

A. 60.18 　　　　　　　　　　　　　　 B. 62.24

C. 67.46 　　　　　　　　　　　　　　 D. 88.94

3. 某工程合同总额为 20 000 万元，其中主要材料占比 40%，合同中约定的工程预付款项总额为 2 400 万元，则按起扣点计算法计算的预付款起扣点为（　　）万元。

A. 6 000 　　　　　　　　　　　　　　 B. 8 000

C. 12 000 　　　　　　　　　　　　　　 D. 14 000

4. 发包人应在工程开工后的 28d 内预付不低于当年施工进度计划的安全文明施工费总额的（　　）。

A. 20% 　　　　　　　　　　　　　　 B. 40%

C. 60% 　　　　　　　　　　　　　　 D. 90%

二、多项选择题

5. 根据《建设工程施工合同（示范文本）》（GF—2017—0201），下列事项应纳入工程变更范围的有（　　）。

A. 改变工程的标高

B. 改变工程的实施顺序

C. 提高合同中的工作质量标准

D. 将合同中的某项工作转由他人实施

E. 工程设备价格的变化

第七节　安装工程竣工决算价款的编制

考点　安装工程竣工决算价款的编制【掌握】

多项选择题

竣工决算的核心内容有（　　）。

A. 竣工财务决算说明书

B. 工程竣工图

C. 竣工财务决算报表

D. 工程竣工造价对比分析

E. 施工组织设计图

✏️学习笔记

第五章

案例模块

（建议学习时间：**3.5**周）

第五章 案例模块

知识脉络

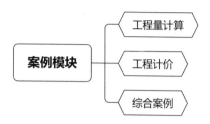

案例模块 —— 工程量计算
　　　　　—— 工程计价
　　　　　—— 综合案例

专题一 工程量计算

➤ 备考指导

工程计量是工程计价的基础，要求应考人员熟悉通用安装计算规范和地方定额，具备工程量计算和清单编制实际应用能力。安装工程划分为 12 个专业类别，考查重点包括给排水、采暖工程计量规则及应用，电气工程计量规则及应用，工业管道工程计量规则及应用，消防工程计量规则及应用，通风空调工程计量规则及应用，重点掌握安装工程工程量清单编制方法和步骤，能够熟练编制实际工程工程量清单。

➤ 经典习题

案例一

1. 某工厂办公楼内卫生间的给水施工图见图 5-1-1、图 5-1-2。

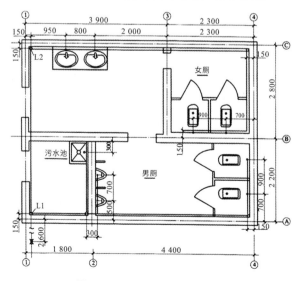

图 5-1-1 卫生间给水平面图

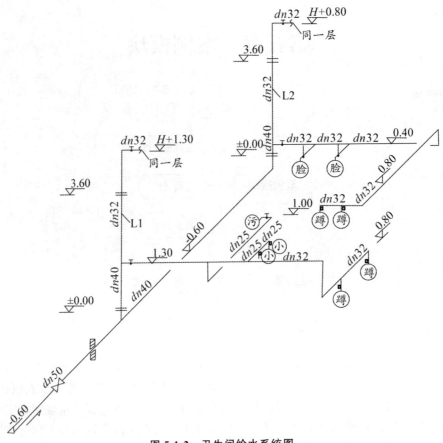

图 5-1-2　卫生间给水系统图

说明：

（1）办公楼共两层，层高 3.6m，墙厚为 200mm。图中尺寸标注标高以 m 计，其他均以 mm 计。

（2）管道采用 PP-R 塑料管及成品管件，热熔连接，成品管卡。

（3）阀门采用螺纹球阀 Q11F-16C，污水池上装铜质水嘴。

（4）成套卫生器具安装按标准图集 99S304 要求施工，所有附件均随卫生器具配套供应。洗脸盆为单柄单孔台上式安装；大便器为感应式冲洗阀蹲式大便器，小便器为感应式冲洗阀壁挂式安装，污水池为成品落地安装。

（5）管道系统安装就位后，给水管道进行水压试验。

2. 假设按规定计算的该卫生间给水管道和阀门部分的清单工程量如下：

PP-R 塑料管：$dn50$，直埋 3.0m；$dn40$，直埋 5.0m，明设 1.5m；$dn32$，明设 25m；$dn25$，明设 16m。阀门 Q11F-16C：$DN40$：2 个；$DN25$：2 个。

其他安装技术要求和条件与图 5-1-1、5-1-2 所示一致。

3. 给排水工程相关分部分项工程量清单项目的统一编码见表 5-1-1。

表 5-1-1　分部分项工程量清单项目的统一编码

项目编码	项目名称	项目编码	项目名称
031001001	镀锌钢管	031004014	给水附件
031001006	塑料管	031001007	复合管
031003001	螺纹阀门	031003003	焊接法兰阀门
031004003	洗脸盆	031004006	大便器
031004007	小便器	031002003	套管

问题：

1. 按照图 5-1-1、图 5-1-2 所示内容，按直埋、明设（指敷设于室内地坪下的管段）分别列式计算给水管道和阀门安装项目分部分项清单工程量。计算要求：管道工程量计算至支管与卫生器具相连的分支三通或末端弯头处止。

2. 根据背景资料 2、3 和图 5-1-1、图 5-1-2 所示内容，按照《通用安装工程工程量计算规范》（GB 50856—2013）的规定，分别编制管道、阀门、卫生器具（污水池除外）安装项目的分部分项工程量清单，并填入表 5-1-2 "分部分项工程和单价措施项目清单与计价表"中。

表 5-1-2 分部分项工程和单价措施项目清单与计价表

工程名称：某厂区标段 办公楼卫生间给排水工程安装　　　　　　　　　　　　　　第 1 页 共 1 页

序号	项目编码	项目名称	项目特征描述	计量单位	工程量	金额/元		
						综合单价	合价	其中：暂估价
1								
2								
3								
4								
5								
6								
7								
8								
9								
本页小计								
合计								

注：各分项之间用横线分开。

✎**学习笔记**

案例二

某工厂卫生间给水排水工程（部分），计算图示卫生间当层给水排水工程量。平面图及系统图见图 5-1-3～图 5-1-5。

（1）图纸说明。

①给水管采用热镀锌衬塑复合管，螺纹连接。

②排水管采用 UPVC 管，承插粘结，脚踏式蹲式大便器。

③洗脸盆为陶瓷材质，红外感应水龙头。

④圆形铸铁地漏管径为 DN50，地面扫除口规格为 DN75。

⑤排水管道排出管的第一个排水检查井距建筑外墙的距离为 4m。

⑥给水管道安装完毕需做水压试验、水冲洗及消毒冲洗，排水管道安装完毕应做灌水试验，不计算刷漆和防腐。

（2）计算说明。

①计算本层管道、阀门、用水器具的工程量，不计算给水立管 JL-1，不计算穿楼板套管量。

②计算结果保留小数点后两位，四舍五入。

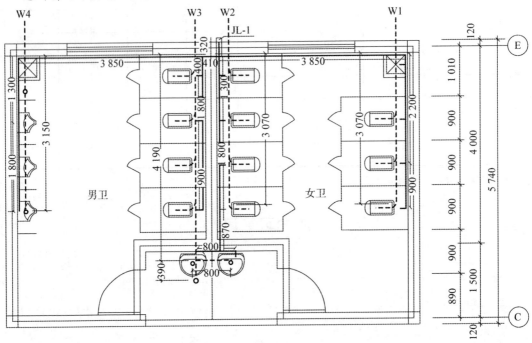

图 5-1-3 卫生间给水排水平面图

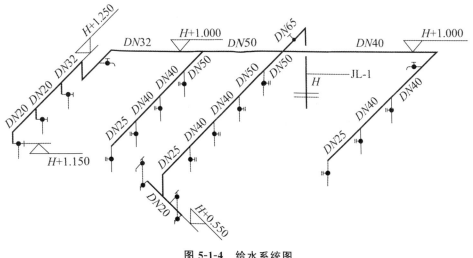

图 5-1-4 给水系统图

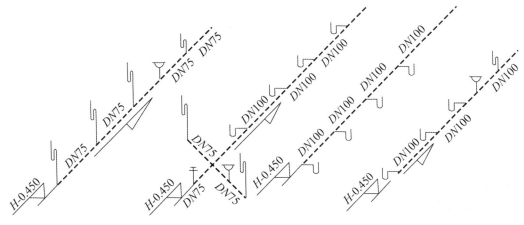

图 5-1-5 排水系统图

问题：

根据以上背景资料及现行国家标准《建设工程工程量清单计价规范》（GB 50500—2013）、《通用安装工程工程量计算规范》（GB 50856—2013），试计算相应的给水排水工程工程量，完成表 5-1-3。

表 5-1-3 清单工程量计算表

序号	项目编码	清单项目名称	计算式	工程量	计量单位
1					
2					
3					
4					
5					
6					
7					
8					
9					
10					

序号	项目编码	清单项目名称	计算式	工程量	计量单位
11					
12					
13					
14					

 学习笔记

案例三

1. 某电话机房照明系统中一回路，见图 5-1-6。

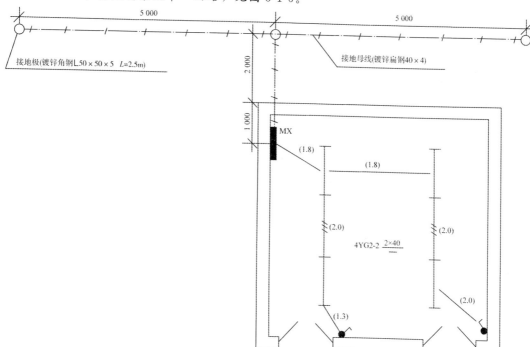

图 5-1-6 电话机房照明平面图

说明：

（1）照明配电箱 MX 为嵌入式安装，金属箱体尺寸：$600 \times 400 \times 200$（宽×高×厚，mm），安装高度为下口离地 1.6m。

（2）管线均为镀锌电线管 $\phi 20$ 沿砖墙、混凝土顶板内暗配，顶管标高为 4m；管内穿阻燃绝缘导线 ZR-BV 1.5mm^2。

（3）接地母线采用－40×4（mm）镀锌扁钢，埋深 0.7m，由室外进入外墙皮后的水平长度为 1m，进入配电箱内长度为 0.5m，室内外地坪无高差。

（4）单联单控暗开关规格为 250V10A，安装高度为下口离地 1.4m。

（5）接地电阻要求小于 4Ω。

（6）配管水平长度见图中括号内数字，单位为 m。

2. 相关项目编码见表 5-1-4。

表 5-1-4 工程量清单统一项目编码

项目编码	项目名称	项目编码	项目名称
030404017	配电箱	030414011	接地装置电气调整试验
030404034	照明开关	030411001	配管
030404031	小电器	030411004	配线
030409001	接地极	030411006	接线盒
030409002	接地母线	030412005	荧光灯

问题：

根据图 5-1-6 所示内容和《通用安装工程工程量计算规范》的规定，列式计算接地母线、配管和配线的工程量。将计算过程填入表 5-1-5 "分部分项工程量计算表"中。

表 5-1-5　分部分项工程量计算表

序号	项目编码	项目名称	项目特征描述	计量单位	工程数量	计算式
1	030404017001	配电箱				
2	030404034001	照明开关				
3	030409001001	接地极				
4	030409002001	接地母线				
5	030414011001	接地装置电气调整试验				
6	030411001001	配管				
7	030411006001	接线盒				
8	030411004001	配线				
9	030412005001	荧光灯				

✐学习笔记

案例四

1. 图 5-1-7 为某配电间电气安装工程平面图，图 5-1-8 为防雷接地安装工程平面图，图 5-1-9 为 ALD 配电箱系统接线图，表 5-1-6 为设备材料表。该建筑物为单层平屋面砖、混凝土结构，建筑物室内净高为 4.40m。图中括号内数字表示线路水平长度，配管进入地面或顶板内深度均按 0.05m；穿管规格：2～3 根 BV2.5 穿 SC15，4～6 根 BV2.5 穿 SC20，其余按系统接线图。

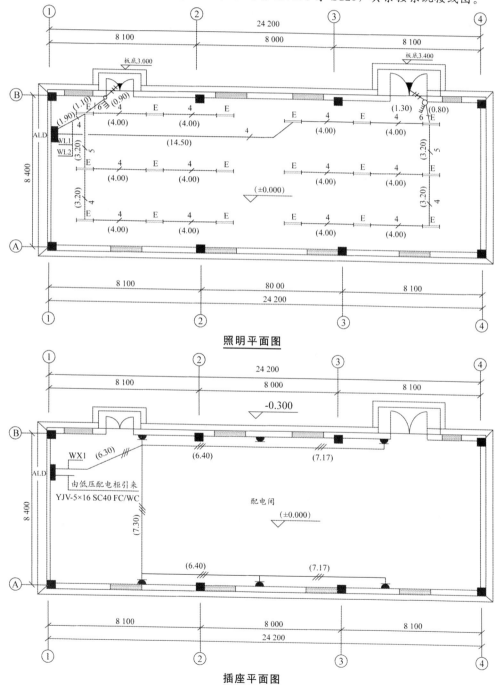

照明平面图

插座平面图

图 5-1-7 配电间电气安装工程平面图

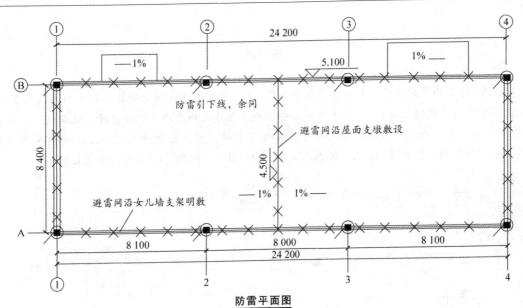

防雷平面图

说明：

（1）接闪带采用镀锌圆钢φ10沿女儿墙支架明敷，支架水平间距1.0m，转弯处为0.5m；屋面上镀锌圆钢沿混凝土支墩明敷，支墩间距1.0m。

（2）利用建筑物柱内主筋（≥φ16mm）作引下线，要求作引下线的两根主筋从下至上需采用电焊接联通方式，共8处。

（3）柱子（墙外侧）离室外地坪上面0.5m处预埋一只接线盒作接地电阻测量点，共4处。

（4）柱子（墙外侧）离室外地坪下面0.8m处预埋一块钢板以作增加人工接地体用，共4处。

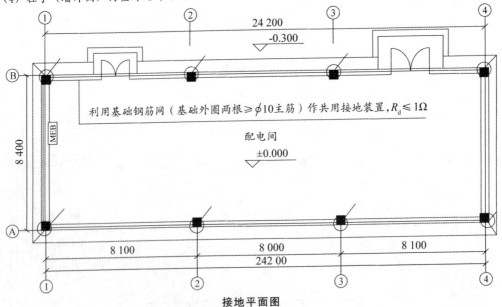

接地平面图

图 5-1-8 配电间防雷接地安装工程平面图

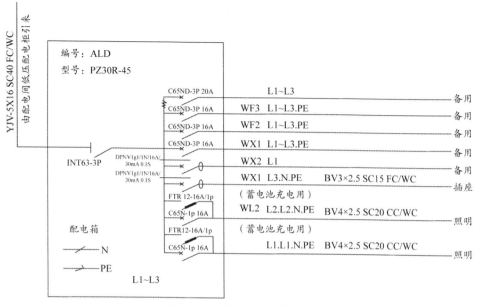

图 5-1-9　配电箱系统接线图

表 5-1-6　主要设备材料表

序号	符号	设备名称	型号规格	单位	安装方式	备注
1	■	配电箱	ALD PZ30R-45	台	底边距地 1.5m 嵌入式	300（宽）× 450（高）×120（深）
2	⊟ᴱ	双管荧光灯	2×28W	个	吸顶，E 为带应急装置	应急时间 180min
3	●	吸顶灯	节能灯 22Wφ350	个	吸顶	
4	⌐	暗装四极开关	86K41-10	个	距地 1.3m	
5	⊥	单相二、三极暗插座	86Z223-10	个	距地 0.3m	

2. 相关分部分项工程量清单项目编码及项目名称见表 5-1-7。

表 5-1-7　相关分部分项工程量清单项目编码及项目名称表

项目编码	项目名称	项目编码	项目名称
030404017	配电箱	030411001	配管
030404034	照明开关	030411004	配线
030404035	插座	030412001	普通灯具
030409004	均压环	030412005	荧光灯
030409005	避雷网		

问题：

按照背景资料和图 5-1-7～图 5-1-9 所示内容，根据《建设工程工程量清单计价规范》（GB 50500—2013）和《通用安装工程工程量计算规范》（GB 50856—2013）的规定，计算各分部分项工程量，并将配管（SC15、SC20）、配线（BV2.5）、避雷网及均压环的工程量计算式与结果填写在表 5-1-8"分部分项工程和单价措施项目清单与计价表"中（答题时不考虑配电箱的进线管道和电缆，不考虑开关盒和灯头盒，防雷接地不考虑除避雷网、均压环以外的部分）。

表 5-1-8　分部分项工程和单价措施项目清单与计价表

序号	项目编码	项目名称	项目特征描述	计量单位	工程量	综合单价	合价	其中：暂估价
1	030404017001	配电箱	照明配电箱 ALD PZ30R-45，嵌入式安装距地 1.5m；箱体尺寸：300（宽）×450（高）×120（深）（距地 1.3m）；无线端子外部接线 2.5mm² 11 个					
2	030404034001	照明开关	暗装四极开关 86K41-10；距地 1.3m					
3	030404035001	插座	单项二、三极暗插座 86Z223－10；距地 0.3m					
4	030409004001	均压环	利用基础钢筋网（基础外圈两根≥φ10 钢筋）作共用接地装置，$R_d \leqslant 1\Omega$					
5	030409005001	避雷网	镀锌圆钢 φ10 沿支架明敷					
6	030409005002	避雷网	镀锌圆钢 φ10 沿混凝土支墩明敷					
7	030411001001	配管	SC20 钢管，沿砖、混凝土结构暗配					
8	030411001002	配管	SC15 钢管，沿砖、混凝土结构暗配					
9	030411004001	配线	管内穿线 BV2.5mm²					
10	030412001001	普通灯具	节能灯 22W φ350，吸顶安装					
11	030412005002	荧光灯	双管荧光灯，吸顶安装 2×28W					
合计								

✏️学习笔记

案例五

某商厦一层火灾自动报警系统工程平面图和系统图见图 5-1-10、图 5-1-11，设备材料明细，见表 5-1-9。

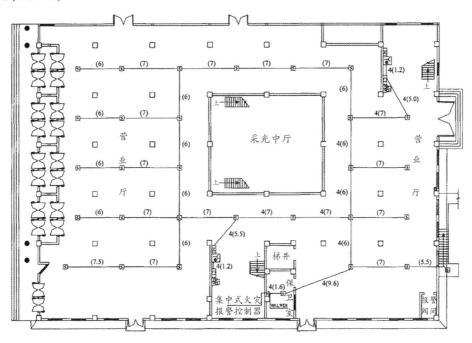

图 5-1-10　一层消防报警及联动平面图

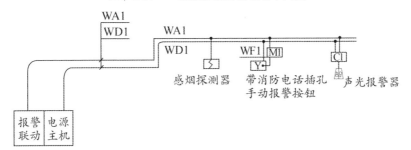

图 5-1-11　火灾自动报警及广播系统图

表 5-1-9　设备材料明细

序号	图例	设备名称	型号规格	单位	安装高度
1		集中式火灾报警控制器		台	挂墙安装
2	M	输入监视模块		只	与控制设备同高度安装
3	c	控制模块		只	与控制设备同高度安装
4		感烟探测器		只	吸顶安装
5		火灾声光警报器		台	下沿距地 2.2m 安装

续表

序号	图例	设备名称	型号规格	单位	安装高度
6	Y◎	带电话插孔的手动报警按钮	J-SAM-GST9122	只	下沿距地 1.5m 安装

设计说明：

（1）火灾自动报警系统线路由一层保卫室消防集中报警主机引出，水平、垂直穿管敷设，焊接钢管沿墙内、顶板暗敷，敷设高度为离地 3m。

（2）WA1 为报警（联动）二总线，采用 NH-RVS-2×1.5，WD1 为电源二总线，采用 NH-BV-2.5mm²。

（3）控制模块和输入模块均安装在开关盒内。

（4）自动报警系统装置调试的点数按本图内容计算。

（5）消防报警主机集中式火灾报警控制器安装高度为距地 1.5m，箱体尺寸：400×300×200（宽×高×厚，mm）。

（6）平面中火灾报警联动线途经控制模块（ C1 ， M ）时为四根线，两根 DC24V 电源线，两根报警线，共管敷设，穿 φ20 焊接钢管沿顶板，墙内暗敷，未通过控制模块的为二根报警线，穿 φ20 焊接钢管沿顶板，墙内暗敷。

（7）配管水平长度见图示括号内容数字，单位为 m。

问题：

根据图示内容和《通用安装工程工程量计算规范》和《建设工程工程量清单计价规范》的相关规定，分部分项工程的统一编码，见表 5-1-10。列式计算配管及配线的工程量，并编制其分部分项工程量清单。

表 5-1-10　工程量清单统一项目编码

项目编码	项目名称	项目编码	项目名称
030904001	点型探测器	030904005	声光报警器
030904002	线型探测器	030904011	远程控制箱
030904003	按钮	030905001	自动报警系统调试
030904008	模块（模块箱）		
030904009	区域报警控制箱	030411001	配管
030411006	接线盒	030411004	配线

✎**学习笔记**

案例六

某工程通风空调平面图见图 5-1-12。

1. 工程情况

(1) 某加工车间采用 1 台恒温恒湿机进行室内空气调节，并配合土建砌筑混凝土基础和预埋地脚螺栓安装，其型号为 YSL-DHS-225，外形尺寸为 1 200×1 100×1 900-350kg，落地安装，减振措施采用橡胶隔振垫 $\delta=20$mm。

(2) 风管采用镀锌薄钢板矩形风管，法兰咬口连接，风管规格 1 000×300，板厚 $\delta=$ 1.20mm；风管规格 800×300，板厚 $\delta=1.00$mm；风管规格 630×300，板厚 $\delta=1.00$mm；风管规格 450×450，板厚 $\delta=0.75$mm。

(3) 对开多叶调节阀为成品购买，铝合金方形散流器规格为 450×450。

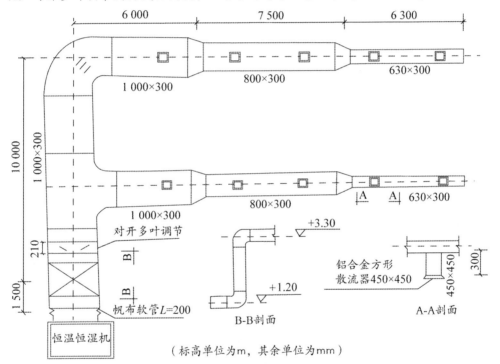

（标高单位为m，其余单位为mm）

图 5-1-12 某工程通风空调平面图

2. 根据所给图纸，从恒温恒湿机（包括本体）开始计算至各风口止（包括风口）（工程量计算保留小数后一位有效数字，第二位四舍五进）。

3. 相关分部分项工程量清单项目统一编码见表 5-1-11。

表 5-1-11 分部分项工程项目统一编码

项目编码	项目名称	项目编码	项目名称
030702001	碳钢通风管道	030903007	碳钢风口
030703019	柔性接口	030703020	消声器
030703007	百叶窗	030701003	空调器
030703001	碳钢阀门	030701004	风机盘管
030704001	通风工程检测、调试	—	—

问题：

1. 根据通风空调平面图所示，计算各工程工程量，并将计算过程填入表5-1-12。

表 5-1-12　清单工程量计算表

序号	清单项目特征	清单工程量计算过程	单位	清单工程量

2. 根据通风空调平面图、表5-1-11统一项目编码，按照《通用安装工程工程量清单计算规范》的规定，计算分部分项工程量清单计价表，填入表5-1-13中。

表 5-1-13　分部分项工程量清单计价表

序号	项目编码	项目名称	项目特征描述	计量单位	工程量	金额/元 综合单价	合价	其中：暂估价

✎ 学习笔记

案例七

某化工生产装置中部分热交换工艺管道系统有关背景资料如下：

（1）部分热交换工艺管道系统施工图见图 5-1-13，图中标注尺寸标高以 m 计，其他均以 mm 计。该管道系统工作压力为 2.0MPa。

（2）管道：采用 20 号碳钢无缝钢管。管件：弯头、三通、四通、异径管按采用成品考虑。

（3）法兰、阀门：所有法兰为碳钢对焊法兰（盲板可按法兰计算）；阀门型号除图中说明外，均为 J41H-25，采用对焊法兰连接；系统连接全部为电弧焊。

（4）管道支架为普通支架，其中：φ219×6 管支架共 12 处，每处 25kg，φ159×6 管支架共 10 处，每处 20kg。支架手工除锈后刷防锈漆、调和漆两遍。

（5）管道安装完毕做水压试验。

（6）中压碳钢管 φ159×6（理论质量 22.64kg/m）；中压碳钢管 φ219×6（理论质量 31.52kg/m）。

（7）阀门直接与设备 c、d、e 出口法兰相连接。

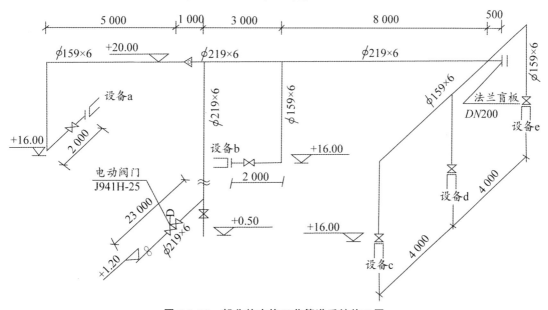

图 5-1-13　部分热交换工艺管道系统施工图

问题：

1. 按照图 5-1-13 所示内容，列式计算管道、管件、阀门、法兰和支架的工程量。

2. 根据图 5-1-13、表 5-1-14 统一项目编码，按照《通用安装工程工程量清单计算规范》的规定，计算分部分项工程量清单。

表 5-1-14　分项名称与统一项目编码

项目编码	项目名称	项目编码	项目名称
030802001	中压碳钢管	030808003	中压法兰阀门
030811002	中压碳钢焊接法兰	031002001	管道支吊架制作与安装

续表

项目编码	项目名称	项目编码	项目名称
030805001	中压碳钢管件	031201003	金属结构刷漆
030808004	中压齿轮、液压传动、电动阀门		

学习笔记

专题二　工程计价

➤ 备考指导

安装工程计价主要包括安装工程定额换算、综合单价计算、招投标工程组价、合同价款的结算与调整、索赔等内容。学习此部分内容要求考生掌握正确的编制方法，根据当地省份的定额及计价规范的基础上结合教材讲解的相应方法进行综合应用。

➤ 经典习题

案例一

根据表 5-2-1 给出的无缝钢管 D219×9 安装工程的相关费用（费用均不包含增值税可抵扣进项税额），分别编制无缝钢管管道刷油、保温的工程量清单综合单价分析表。

表 5-2-1　管道安装工程相关费用表

序号	项目名称	计量单位	安装费单价/元			主材	
			人工费	材料费	施工机具使用费	单价/元	主材消耗量
1	碳钢管（电弧焊）DN200 内	10m	184.22	15.65	158.71	176.49	9.41m
2	低中压管道液压试验 DN200 内	100m	599.96	76.12	32.30		
3	管道水冲洗 DN200 内	100m	360.4	68.19	37.75	3.75	43.74m³
4	手工除管道轻锈	10m²	34.98	3.64	0.00		
5	管道刷红丹防锈漆第一遍	10m²	27.24	13.94	0.00		
6	管道刷红丹防锈漆第二遍	10m²	27.24	12.35	0.00		
7	管道橡塑保温管（板）φ325 内	m³	745.18	261.98	0.00	1 500.00	1.04m³

人工单价为普工 70 元/工日、一般技工 90 元/工日、高级技工 120 元/工日，管理费按人工费的 50% 计算，利润按人工费的 30% 计算。

已知无缝钢管、弯头、三通、管道刷油及保温的分部分项工程量清单的编制，见表 5-2-2。

表 5-2-2　分部分项工程和单价措施项目清单与计价表

序号	项目编码	项目名称	项目特征描述	计量单位	工程量	金额/元		
						综合单价	合价	其中：暂估价
1	030801001001	低压碳钢管	DN300 无缝钢管，电弧焊，水压试验和水冲洗	m	81.69			
2	030801001002	低压碳钢管	DN250 无缝钢管，电弧焊，水压试验和水冲洗	m	11.60			
3	030801001003	低压碳钢管	DN200 无缝钢管，电弧焊，水压试验和水冲洗	m	35.64			

序号	项目编码	项目名称	项目特征描述	计量单位	工程量	金额/元		
						综合单价	合价	其中：暂估价
4	030804001001	低压碳钢管件	DN300，碳钢冲压弯头，电弧焊	个	12.00			
5	030804001002	低压碳钢管件	DN250，碳钢冲压弯头，电弧焊	个	12.00			
6	030804001003	低压碳钢管件	DN200，碳钢冲压弯头，电弧焊	个	16.00			
7	030804001004	低压碳钢管件	DN300×250，挖眼三通，电弧焊	个	4.00			
8	030804001005	低压碳钢管件	DN300×200，挖眼三通，电弧焊	个	12.00			
9	031201001001	管道刷油	除锈，刷红丹防锈底漆两道	m²	117.82			
10	031208002001	管道绝热	橡塑管壳（厚度为 30mm）保温	m³	4.04			

问题：

1. 编制表 5-2-3 "DN200 钢管刷油综合单价分析表"。

2. 编制表 5-2-4 "DN200 钢管保温综合单价分析表"。

表 5-2-3　DN200 钢管刷油综合单价分析表

项目编码	031201001001		项目名称	管道刷油	计量单位	m²	工程量	117.82
清单综合单价组成明细								
定额编号	定额名称	定额单位	数量	单价/元				合价/元

定额编号	定额名称	定额单位	数量	人工费	材料费	施工机具使用费	管理费和利润	人工费	材料费	施工机具使用费	管理费和利润
	手工除管道轻锈	10m²									
	管道刷红丹防锈漆第一遍	10m²									
	管道刷红丹防锈漆第二遍	10m²									
人工单价			小计								
70、90、120 元/工日			未计价材料费/元								
清单项目综合单价/（元/m²）											

续表

材料费明细	主要材料名称、规格、型号	单位	数量	单价（元）	合价（元）	暂估单价（元）	暂估合价（元）
	其他材料费/元						
	材料费小计/元						

表 5-2-4　DN200 钢管保温综合单价分析

项目编码	031208002001		项目名称	管道绝热	计量单位	m³	工程量	4.04

				清单综合单价组成明细							

定额编号	定额名称	定额单位	数量	单价（元）				合价（元）			
				人工费	材料费	施工机具使用费	管理费和利润	人工费	材料费	施工机具使用费	管理费和利润
	管道橡塑保温管 φ325 内	m³									
人工单价		小计									
70、90、120 元/工日		未计价材料费/元									
清单项目综合单价/（元/m³）											

材料费明细	主要材料名称、规格、型号	单位	数量	单价/元	合价/元	暂估单价/元	暂估合价/元
	橡塑保温管	m³					
	其他材料费/元						
	材料费小计/元						

✏️学习笔记

案例二

施工合同中约定，承包人承担的镀锌钢管价格风险幅度为±5%。超出部分依据《建设工程工程量清单计价规范》的造价信息法调差。已知投标人投标价格、基准价发布价格为3 100元/t、2 900元/t，2019年9月、2020年9月的造价信息发布价分别为2 700元/t、3 300元/t。

问题：

1. 计算2019年9月镀锌钢管的实际结算价格。
2. 计算2020年9月镀锌钢管的实际结算价格。

 学习笔记

案例三

在总承包施工合同中约定"当工程量偏差超出 5％ 时，该项增加部分或剩余部分综合单价按 5％ 进行浮动"。施工单位编制竣工结算时发现工程量清单中两个清单项的工程数量增减幅度超出 5％，其相应工程数量、单价等数据详见表 5-2-5。

表 5-2-5 清单项 A、B 相应工程数量、单价等数据

清单项	清单工程量	实际工程量	清单综合单价	浮动系数
清单项 A	5 080m³	5 594m³	452 元/m³	5％
清单项 B	8 918m²	8 205m²	140 元/m²	5％

问题：

分别计算清单项 A、清单项 B 的结算总价（单位：元）。

✏️**学习笔记**

案例四

根据招标文件和常规施工方案，按以下数据及要求编制某安装工程的最高投标限价。该安装工程计算出的各分部分项工程人材机费用合计为 6 000 万元，其中定额人工费和定额机械费合计占 25％。夜间施工费、二次搬运费、冬雨期施工增加费、已完工程及设备保护费等其他总价措施项目费用合计按分部分项工程定额人工费和定额机械费合计的 15％ 计取，无单价措施项目。不可竞争费中的安全文明施工费用（包括安全施工费、文明施工费、环境保护费、临时设施费）根据当地工程造价管理机构发布的规定，按分部分项工程定额人工费和定额机械费合计的 6.3％ 计取。

企业管理费、利润分别按定额人工费和定额机械费合计的 18％、11％ 计取。

暂列金额为 200 万元，专业工程暂估价为 500 万元（总承包服务费按专业工程价值的 3％ 计取），不考虑计日工费用。

上述费用均不包含增值税可抵扣进项税额。增值税税率按 9％ 计取。

问题：

计算该安装工程的最高投标限价。将各项费用的计算结果填入表 5-2-6 "单位工程最高投标限价汇总表"中。

（计算结果保留两位小数）

表 5-2-6　单位工程最高投标限价汇总表

序号	汇总内容	金额/万元	其中：暂估价/万元
1	分部分项工程费		
	其中：人工费＋机械费		
2	措施项目		
2.1	脚手架搭拆费		
	其中：人工费＋机械费		
2.2	其他总价措施项目		
3	不可竞争费		
3.1	安全文明施工费		
4	其他项目		
4.1	其中：暂列金额		
4.2	其中：专业工程暂估价		
4.3	其中：计日工		
4.4	其中：总包服务费		
5	税金		
	最高投标限价合计＝1＋2＋3＋4＋5		

✏学习笔记

案例五

某发包人和承包人签订某安装工程施工合同，合同价为 420 万元，工期为 4 个月，有关工程价款和支付约定如下：

(1) 工程预付款为安装工程合同价的 20%。

(2) 工程预付款应从未施工工程所需的主要材料及设备费相当于工程预付款数额时起扣，每月以抵充工程款的方式陆续扣留，竣工前全部扣清，主要材料及设备费占工程款的比重为 60%。

(3) 工程进度款逐月计算。

(4) 工程质量保证金为安装工程合同价的 3%，竣工结算一次扣留。

(5) 主要材料及设备费上调 12%，结算时一次调整。

(6) 各月实际完成产值，见表 5-2-7。

表 5-2-7　各月实际完成产值

月份	3	4	5	6	合计
完成产值/万元	40	90	200	90	420

问题：

1. 该工程的工程预付款、起扣点为多少？

2. 该工程 3 月至 5 月每月拨付工程款为多少？累计工程款为多少？

3. 6 月份办理竣工结算，该工程结算造价为多少？发包人应付工程结算款为多少？

（计算结果保留两位小数）

✏️**学习笔记**

案例六

某安装工程项目业主通过工程量清单招标方式确定某投标人为中标人，并与其签订了安装工程施工合同，工期为3个月，有关工程价款和支付约定如下：

（1）分项工程清单，含有甲分项工程，工程量为1 050m，综合单价为20元/m，其余分项工程费用为200万元。当某一分项工程实际工程量比清单工程量增加（减少）15%以上时，应进行调价，调价系数为0.9（1.1）。

（2）措施项目费为8万元，不予调整。

（3）其他项目含有暂列金额30万元和专业工程暂估价50万元（另计总承包服务费5%）。

（4）规费费率为2.92%，其取费基数为分项工程费、措施项目费和其他项目费之和，税金的税率为9%。

（5）工程预付款为40万元，在后两个月平均扣除。

（6）工程进度款甲分项工程按每月已完工程量计算支付，其余分项工程和措施项目进度款在施工期内每月平均支付，其他项目费在发生当月按实支付，支付比例为承包商应得工程款的90%。

（7）施工期间，由于设计变更，甲分项工程量调增为1 300m。

（8）施工期间，第2月发生现场签证费用3万元，第3月专业工程分包施工，实际费用45万元。

（9）竣工结算时，业主按实际工程总造价的3%一次扣留工程质量保证金。

（10）各月实际完成工程量，见表5-2-8。

表5-2-8　各月实际完成工程量

月份	1	2	3	合计
甲分项工程量/m	200	500	600	1 300

问题：

1. 该工程合同价为多少万元？
2. 每月业主向承包商支付工程进度款为多少万元？
3. 分项工程费用调整额为多少万元？
4. 实际工程总造价为多少万元？
5. 工程质量保证金为多少万元？
6. 竣工结算最终支付工程款多少万元？

（计算结果保留两位小数）

✎学习笔记

案例七

某建筑工程项目，业主和施工单位按工程量清单计价方式和《建设工程施工合同（示范文本）》（GF—2017—0201）签订了施工合同，合同工期为 15 个月。合同约定：管理费按人材机费用之和的 10% 计取，利润按人材机费用和管理费之和的 6% 计取，规费按人材机费用、管理费和利润之和的 4% 计取，增值税税率为 11%；施工机械台班单价为 1 500 元/台班，施工机械闲置补偿按施工机械台班单价的 60% 计取，人员窝工补偿为 50 元/工日，人工窝工补偿、施工待用材料损失补偿、机械闲置补偿不计取管理费和利润；措施费按分部分项工程费的 25% 计取。（各费用项目价格均不包含增值税可抵扣进项税额）

施工前，施工单位向项目监理机构提交并经确认的施工网络进度计划，见图 5-2-1（每月按 30 天计）。

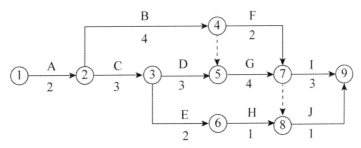

图 5-2-1　施工网络进度计划（单位：月）

该工程施工过程中发生如下事件：

事件 1：基坑开挖工作（A 工作）施工过程中，遇到了持续 10 天的季节性大雨，在第 11 天，大雨引发了附近的山体滑坡和泥石流。受此影响，施工现场的施工机械、施工材料、已开挖的基坑及围护支撑结构、施工办公设施等受损，部分施工人员受伤。

经施工单位和项目监理机构共同核实，该事件中，季节性大雨造成施工单位人员窝工 180 工日，机械闲置 60 个台班，山体滑坡和泥石流事件使 A 工作停工 30 天，造成施工机械损失 8 万元，施工待用材料损失 24 万元，基坑及围护支撑结构损失 30 万元，施工办公设施损失 3 万元，施工人员受伤损失 2 万元。修复工作发生人材机费用共 21 万元。灾后，施工单位及时向项目监理机构提出费用索赔和工期延期 40 天的要求。

事件 2：基坑开挖工作（A 工作）完成后，验槽时发现基坑底部部分土质与地质勘查报告不符。地勘复查后，设计单位修改了基础工程设计，由此造成施工单位人员窝工 150 工日，机械闲置 20 个台班，修改后的基础分部工程增加人材机费用 25 万元，监理工程师批准 A 工作增加工期 30 天。

问题：

1. 针对事件 1，确定施工单位和业主在山体滑坡和泥石流事件中各自应承担损失的内容；列式计算施工单位可以获得的费用补偿数额；确定项目监理机构应批准的工期延期天数，并说明理由。

2. 事件 2 中，应给予施工单位的窝工补偿费用为多少万元？修改后的基础分部工程增加的工程造价为多少万元？

✎学习笔记

案例八

某施工单位承担了某综合办公楼的施工任务，并与建设单位签订了该项目建设工程施工合同，合同价为 3 200 万元人民币，合同工期 28 个月。某监理单位受建设单位委托承担了该项目的施工阶段监理任务，并签订了监理合同。在工程施工过程中，遭受了暴风雨不可抗力的袭击，造成了相应的损失。施工单位在事件发生后一周内向监理工程师提出索赔要求，并附索赔有关的材料和证据。施工单位的索赔要求如下：

（1）遭暴风雨袭击造成的损失，应由建设单位承担赔偿责任。

（2）已建部分工程造成破坏，损失 26 万元，应由建设单位承担修复的经济责任。

（3）此灾害造成施工单位人员 8 人受伤。处理伤病医疗费用和补偿金总计 2.8 万元，建设单位应给予补偿。

（4）施工单位现场使用的机械、设备受到损坏，造成损失 6 万元；由于现场停工造成机械台班费损失 2 万元，工人窝工费 4.8 万元，建设单位应承担修复和停工的经济责任。

（5）此灾害造成现场停工 5 天，要求合同工期顺延 5 天。

（6）由于工程被破坏，清理现场需费用 2.5 万元，应由建设单位支付。

问题：

1. 不可抗力造成损失的承担原则是什么？

2. 如何处理施工单位提出的要求？

✏**学习笔记**

专题三　综合案例

▶ 备考指导

综合案例针对于考试出现的算量、综合单价、组价、价款调整等内容进行综合运用，学习此部分要求考生有扎实的专业基础，能够在较大的案例背景下提取有用信息，进行灵活应用。

▶ 经典习题

案例一

1. 图 5-3-1 为某标准厂房防雷接地平面图。

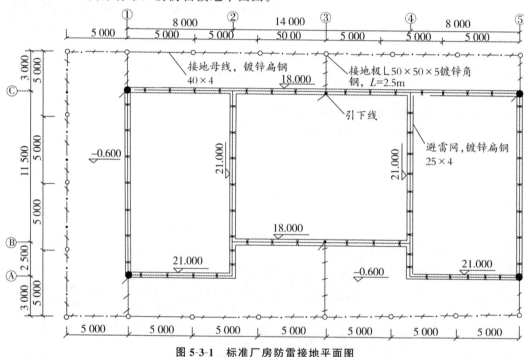

图 5-3-1　标准厂房防雷接地平面图

说明：

（1）室内外地坪高差为 0.60m，不考虑墙厚，也不考虑引下线与避雷网、引下线与断接卡子的连接耗量。

（2）避雷网采用 25×4 镀锌扁钢，沿屋顶女儿墙敷设。

（3）引下线利用建筑物柱内主筋引下，每一处引下线均需焊接 2 根主筋，每一引下线离地坪 1.8m 处设一断接卡子。

（4）户外接地母线均采用 40×4 镀锌扁钢，埋深 0.7m。

（5）接地极采用 L 50×50×5 镀锌角钢制作，L=2.5m。

（6）接地电阻要求小于 10Ω。

（7）图中标高单位以 m 计，其余均为 mm。

2. 防雷接地工程的相关定额见表 5-3-1。

表 5-3-1　防雷接地工程的相关定额

项目名称		定额单位	安装基价/元			主材	
			人工费	材料费	机械费	单价	损耗率/%
2-691	角钢接地极制作、安装	根	50.35	7.95	19.26	42.40 元/根	3
2-748	避雷网安装	10m	87.40	34.23	13.92	3.90 元/m	5
2-746	避雷引下线敷设利用建筑物主筋引下	10m	77.90	16.35	67.41		
2-697	户外接地母线敷设	10m	289.75	5.31	4.29	6.30 元/m	5
2-747	断接卡子制作、安装	10 套	342.00	108.42	0.45		
2-886	接地网调试	系统	950.00	13.92	756.00		

3. 该工程的管理费和利润分别按人工费的 30% 和 10% 计算,人工单价为 95 元/工日。

4. 相关分部分项工程量清单项目统一编码见表 5-3-2。

表 5-3-2　相关分部分项工程量清单项目统一编码

项目编码	项目名称	项目编码	项目名称
030409001	接地极	030409005	避雷网
030409002	接地母线	030414011	接地装置调试
030409003	避雷引下线		

问题:

1. 按照背景资料 1~4 和图 5-3-1 所示内容,根据《建设工程工程量清单计价规范》(GB 50500—2013)和《通用安装工程工程量计算规范》(GB 50856—2013)的规定,分别列式计算避雷网、避雷引下线(利用建筑物主筋作引下线不计附加长度)和接地母线的工程量,并在表 5-3-3 "分部分项工程和单价措施项目清单与计价表" 中计算和编制各分部分项工程的综合单价与合价。

2. 设定该工程 "避雷引下线" 项目的清单工程量为 120m,其余条件均不变,根据背景材料 2 中的相关定额,在 5-3-4 "综合单价分析表" 中,计算该项目的综合单价。

(计算结果保留两位小数,"数量" 栏保留三位小数)

表 5-3-3　分部分项工程和单价措施项目清单与计价表

工程名称:标准厂房　　　　　　　　　　　　　　　　　　　　　　　　　　标段:防雷接地工程

序号	项目编码	项目名称	项目特征描述	计量单位	工程量	金额/元		
						综合单价	合价	其中:暂估价
1								
2								
3								
4								
5								
合计								

表 5-3-4 综合单价分析表

项目编码	030409003001		项目名称		计量单位		工程量	
清单综合单价组成明细								

定额编号	定额项目名称	定额单位	数量	单价/元				合价/元			
				人工费	材料费	机械费	管理费和利润	人工费	材料费	机械费	管理费和利润
人工单价				小计							
95元/工日				未计价材料费							
清单项目综合单价											

材料费明细	主要材料名称、规格、型号	单位	数量	单价/元	合价/元	暂估单价/元	暂估合价/元
	其他材料费			—		—	
	材料费小计			—		—	

✎学习笔记

....

....

....

....

....

....

....

....

....

....

....

....

案例二

1. 根据招标文件和常规施工方案，按以下数据及要求编制某安装工程的工程量清单和招标控制价：

该安装工程计算出的各分部分项工程人材机费用合计为6 000万元，其中人工费占10%。单价措施项目中仅有脚手架项目，脚手架搭拆的人材机费用48万元，其中人工费占25%；总价措施项目费中的安全文明施工费用（包括安全施工费、文明施工费、环境保护费、临时设施费）根据当地工程造价管理机构发布的规定按分部分项工程人工费的20%计取，夜间施工费、二次搬运费、冬雨季施工增加费、已完工程及设备保护费等其他总价措施项目费用合计按分部分项工程人工费的12%计取，其中人工费占40%。

企业管理费、利润分别按人工费的60%、40%计。

暂列金额200万元，专业工程暂估价500万元（总承包服务费按分包价的3%计取），不考虑计日工费用。

规费按分部分项工程和措施项目费中全部人工费的20%计取。

上述费用均不包含增值税可抵扣进项税额。增值税税率按11%计取。

2. 其中某生产装置中部分工艺管道系统，见图5-3-2。

根据《通用安装工程工程量计算规范》的规定，管道系统各分部分项工程量清单项目的统一编码，见表5-3-4。

表5-3-4　工程量清单统一项目编码

项目编码	项目名称	项目编码	项目名称
030802001	中压碳钢管道	030816003	焊缝X光射线探伤
030805001	中压碳钢管件	030816005	焊缝超声波探伤
030808003	中压法兰阀门	031201001	管道刷油
030811002	中压碳钢焊接法兰	031201003	金属结构刷油
030815001	管架制作安装		

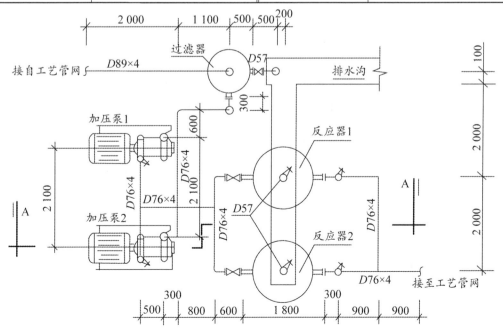

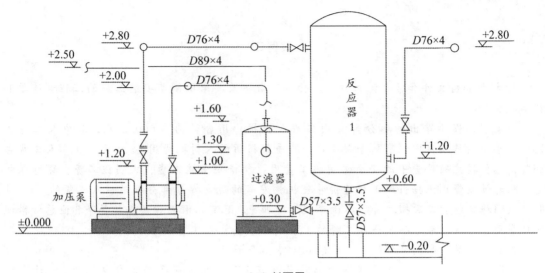

A-A 剖面图

图 5-3-2　工艺管道系统

说明：

(1) 本图所示为某工厂生产装置的部分工艺管道系统，该管道系统工作压力为 2.0MPa。图中标注尺寸标高以 m 计，其他均以 mm 计。

(2) 管道均采用 20 号碳钢无缝钢管，弯头采用成品压制弯头，三通为现场挖眼连接，管道系统的焊接均为氩电联焊。

(3) 所有法兰为碳钢对焊法兰；阀门型号：止回阀为 H41H－25，截止阀为 J41H－25，用对焊法兰连接。

(4) 管道支架为普通支架，共耗用钢材 42.4kg，其中施工损耗为 6%。

(5) 管道系统安装就位后，对 D76×4 的管线的焊口进行无损探伤。其中法兰处焊口采用超声波探伤，管道焊缝采用 X 射线探伤，片子规格为 80mm×150mm，每两张片子间的搭接宽度为 25mm，焊口按 36 个计。

(6) 管道安装完毕后，进行水压试验和空气吹扫。管道、管道支架除锈后，均刷防锈漆、调和漆各两遍。

问题：

1. 按照《通用安装工程工程量计算规范》和《建设工程工程量清单计价规范》的规定，计算出该管道系统单位工程的招标控制价。将各项费用的计算结果填入"单位工程招标控制价汇总表"中，见表 5-3-5，其计算过程写在表的下面。（计算结果保留两位小数）

表 5-3-5　单位工程招标控制价汇总表

序号	汇总内容	金额/万元	其中：暂估价/万元
1	分部分项工程		
1.1	略		
1.2			
2	措施项目		
2.1	其中：安全文明施工费		
3	其他项目		
3.1	其中：暂列金额		

序号	汇总内容	金额/万元	其中：暂估价/万元
3.2	其中：专业工程暂估价		
3.3	其中：计日工		
3.4	其中：总包服务费		
4	规费		
5	税金		
招标控制价合计＝1＋2＋3＋4＋5			

2. 根据《通用安装工程工程量计算规范》和《建设工程工程量清单计价规范》的规定，计算管道 $D89×4$、管道 $D76×4$、管道 $D57×3.5$、管架制作安装、焊缝 X 光射线探伤、焊缝超声波探伤等六项工程量，并写出计算过程。编列出该管道系统（阀门、法兰安装除外）的分部分项工程量清单，将计算结果填入分部分项工程和单价措施项目清单与计价表中，见表 5-3-6。

表 5-3-6　分部分项工程和单价措施项目清单与计价表

序号	项目编码	项目名称	项目特征描述	计量单位	工程量	金额/元		
						综合单价	合价	其中：暂估价
1	030802001001	中压碳钢管道	无缝钢管 $D89×4mm$，氩电联焊，水压试验，空气吹扫	m				
2	030802001002	中压碳钢管道	无缝钢管 $D76×4$，同上	m				
3	030802001003	中压碳钢管道	无缝钢管 $D57×3.5$，同上	m				
4	030805001001	中压碳钢管件	$DN80$，冲压弯头，氩电联焊	个				
5	030805001002	中压碳钢管件	$DN70$，冲压弯头，氩电联焊	个				
6	030805001003	中压碳钢管件	$DN70$，挖眼连接，氩电联焊	个				
7	030805001004	中压碳钢管件	$DN50$，冲压弯头，氩电联焊	个				
8	030815001001	管架制作安装	钢材，普通支架	kg				
9	030816003001	X 光射线探伤	胶片 $80mm×150mm$，管壁 $\delta=4mm$	张				
10	030816005001	超声波探伤	$DN100$ 以内	口				
11	031201001001	管道刷油	除锈、刷防锈漆、调和漆两遍	m^2				
12	031201003001	金属结构刷油	除锈、刷防锈漆、调和漆两遍	kg				

✏️学习笔记

案例三

某办公楼一层插座安装工程的工程量清单见表5-3-7。（该工程量投标人已根据图纸和现场复核了工程量）

表5-3-7　分部分项工程和单价措施项目清单与计价表

序号	项目编码	项目名称	项目特征描述	计量单位	工程数量	综合单价	合价	其中：暂估价
1	030404017001	配电箱	照明配电箱（AL1），嵌入式安装，尺寸：500mm×300mm×120mm	台	1			
2	030404018001	插座箱	户外插座箱（AX），嵌入式安装，尺寸：400mm×600mm×180mm	台	1			
3	030404035001	插座	单相带接地暗插座10A	套	13			
4	030404035002	插座	单相带接地地坪暗插座10A	套	12			
5	030411006001	接线盒	暗装插座盒86H50型	个	13			
6	030411006002	接线盒	暗装地坪插座盒100H60型	个	12			
7	030411001001	配管	镀锌电线管DN15，沿砖、混凝土结构暗配	m	110			
8	030411001002	配管	镀锌电线管DN20，沿砖、混凝土结构暗配	m	25			
9	030411004001	配线	管内穿线BV－500 2.5mm²	m	320			
10	030411004002	配线	管内穿线BV－500 4mm²	m	75			
本页小计								
合计								

该工程的人工费单价为100元/工日。工程的单价措施项目人材机费为2 000.00元，其中人工费占13%。管理费和利润分别按人工费的30%和10%计算。

该工程的安全文明施工费按分部分项工程费的3.5%计取，其他总价措施及其他项目费均不计。规费按分部分项和单价措施项目人工费的21%计取。

经比较选择及各方询价，选取工程采用的相关定额、主材单价（市场价格）及损耗率见表5-3-8。

表5-3-8　相关定额、主材单价（市场价格）及损耗率表

定额编号	项目名称	定额单位	安装基价/元			主材	
			人工费	材料费	机具使用费	单价	损耗率/%
4－2－76	照明配电箱嵌入式安装（半周长1.0m以内）	台	102.30	10.60	0	900元/台	

续表

定额编号	项目名称	定额单位	安装基价/元			主材	
			人工费	材料费	机具使用费	单价	损耗率/%
4—2—76	插座箱嵌入式安装（半周长 10mm 以内）	台	102.30	10.60	0	500 元/台	
4—12—34	钢管 DN15，沿砖、混凝土结构暗配	10m	46.80	9.92	3.57	5.00 元/m	3
4—12—35	钢管 DN20，沿砖、混凝土结构暗配	10m	46.80	17.36	3.65	6.50 元/m	3
4—13—5	管内穿线 BV—2.5mm²	10m	8.10	2.70	0	3.00 元/m	16
4—13—6	管内穿线 BV—4mm²	10m	5.40	3.00	0	4.20 元/m	10
4—13—178	暗装插座盒 86H50 型	个	3.30	0.96	0	3.00 元/个	2
4—13—178	暗装地坪插座盒 100H60 型	个	3.30	0.96	0	10.00 元/个	2
4—14—401	单相带接地暗插座 10A	套	6.80	1.85	0	12.00 元/个	2
4—14—401	单相带接地地坪暗插座 10A	套	6.80	1.85	0	90.00 元/个	2

注：表内费用均包含增值税可抵扣进项税额。

问题：

试采用简易计税方式（税率3%）编制该工程的投标报价。（计算结果保留两位小数）

✏️**学习笔记**

案例四

1. 图 5-3-3 某配电房电气平面图，图 5-3-4 配电箱系统图，表 5-3-9 设备材料表。该建筑物为单层平屋面砖、混凝土结构，建筑物室内净高为 4.00m，图中括号内数字表示线路水平长度，配管进入地面或顶板内深度均按 0.05m，穿管规格：BV2.5mm² 导线穿 3～5 根均采用刚性阻燃管 PC20，其余按系统图。

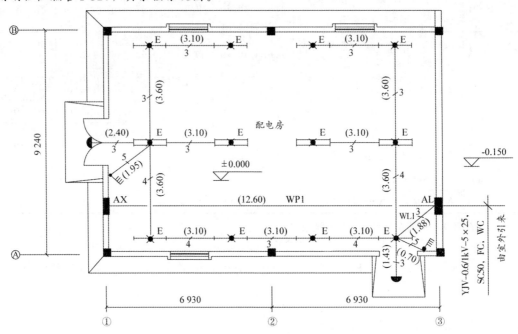

图 5-3-3　配电房电气平面图

图 5-3-4　配电箱系统图

表 5-3-9　设备材料表

序号	图例	材料/设备名称	型号规格	单位	备注
1	■	总照明配电箱 AL	非标定制：600（宽）× 800（高）×200（深）	台	嵌入式，安装高度底边离地 1.5m

续表

序号	图例	材料/设备名称	型号规格	单位	备注
2	▬	插座箱 AX	PZ30，300（宽）×300（高）×120（深）	台	嵌入式，安装高度底边离地0.5m
3	▽	吸顶灯 HYG7001	HYG 7001，1×32W，D350	套	吸顶安装
4	E	双管荧光灯 自带蓄电池	HYG218－2C，2×28W	套	应急时间不小于120min，吸顶安装
5	E	单管荧光灯 自带蓄电池	HYG118－2C，1×28W	套	应急时间不小于120min，吸顶安装
6	⚡	四联单控暗开关	AP86K41－10，250V/10A	个	安装高度离地1.3m

2. 该工程的相关定额、主材单价及损耗率见表5-3-10。

表 5-3-10　相关定额、主材单价及损耗率表

定额编号	项目名称	定额单位	安装基价/元			主材	
			人工费	材料费	机械费	单价	损耗率/%
4－2－76	成套插座箱安装　嵌入式 半周长≤1.0m	台	102.30	34.40	0	500.00 元/台	
4－2－77	成套配电箱安装　嵌入式 半周长≤1.5m	台	131.50	37.90	0	4 000.00 元/台	
4－1－14	无端子外部接线 导线截面≤2.5mm²	个	1.20	1.44	0		
4－4－26	压铜接线端子 导线截面≤16mm²	个	2.50	3.87	0		
4－12－133	砖、混凝土结构暗配 刚性阻燃管 PC20	10m	54.00	5.20	0	2.00 元/m	6
4－12－137	砖、混凝土结构暗配 刚性阻燃管 PC40	10m	66.60	14.30	0	5.00 元/m	6
4－13－5	管内穿照明线　铜芯 导线截面≤2.5mm²	10m	8.10	1.50	0	1.80 元/m	16
4－13－28	管内穿照明线　铜芯 导线截面≤16mm²	10m	8.10	1.80	0	11.50 元/m	5
4－14－2	吸顶灯具安装 灯罩周长≤1 100mm	套	13.80	1.90	0	100.00 元/套	1
4－14－204	荧光灯具安装 吸顶式 单管	套	13.90	1.50	0	120.00 元/套	1
4－14－205	荧光灯具安装 吸顶式 双管	套	17.50	1.50	0	180.00 元/套	1
4－14－380	四联单控暗开关安装	个	7.00	0.80	0	15.00 元/个	2

注：表内费用均不包含增值税可抵扣进项税额。

3. 该工程的人工费单价（综合普工、一般技工和高级技工）为100元/工日，管理费和利润分别按人工费的40%和20%计算。

4. 相关分部分项工程量清单项目编码及项目名称见表5-3-11。

表 5-3-11　分部分项工程量清单项目编码及项目名称

项目编码	项目名称	项目编码	项目名称
030404017	配电箱	030411001	配管
030404018	插座箱	030411004	配线
030404034	照明开关	030412005	荧光灯
030404031	小电器	030412001	普通灯具

问题：

按照背景资料1～4和图5-3-3、图5-3-4所示内容，根据《建设工程工程量清单计价规范》（GB 50500—2013）和《通用安装工程工程量计算规范》（GB 50856—2013）的规定，计算各分部分项工程量，并将配管（PC20、PC40）和配线（BV2.5、BV16）的工程量计算式与结果填写在指定位置；计算各分部分项工程的综合单价与合价，编制完成表5-3-12"分部分项工程和单价措施项目清单与计价表"（答题时不考虑总照明配电箱的进线管道和电缆，不考虑开关盒和灯头盒）

表 5-3-12　分部分项工程和单价措施项目清单与计价表

序号	项目编码	项目名称	项目特征描述	计量单位	工程量	综合单价	合价	其中：暂估价
1								
2								
3								
4								
5								
6								
7								
8								
9								
10								
11								
12								

✏学习笔记

案例五

1. 图 5-3-5 所示为某办公楼一层插座平面图，该建筑物为砖、混凝土结构。

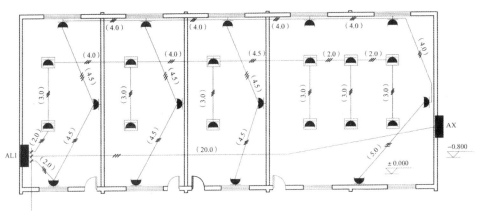

N1 BV2×2.5+E2.5 SC15 FC、WC
N2 BV2×4+E4 SC20 FC、WC
N3 BV2×2.5+E2.5 SC15 FC、WC

序号	图例	名称、型号、规格	备注
1		照明配电箱 AL1 型号：BQDC101 箱体尺寸：500×300×120（宽×高×厚）	嵌入式安装 底边距地 1.5m
2	AX	户外插座箱 防护等级：IP65 箱体尺寸：400×600×180（宽×高×厚）	
3		地坪暗插座 单相带接地 10A 型号：MDC－3T/130	地坪面暗装
4		单相带接地暗插座 10A	安装高度 0.3m

图 5-3-5 办公楼一层插座平面图

说明：

(1) 照明配电箱 AL1 电源由本层总配电箱引入。

(2) 管路为钢管 $DN15$ 或 $DN20$ 沿地坪暗配，配管数设标高为 -0.05m，管内穿绝缘导线 BV-500 2.5mm² 或 BV-500 4mm²。

(3) 室内外高差 0.8m。

(4) 配管水平长度见括号内数字，单位为 m。

2. 该工程的相关定额、主材单价及损耗率见表 5-3-13。

表 5-3-13 相关定额、主材单价及损耗率

定额编号	项目名称	定额单位	安装基价/元			主材	
			人工费	材料费	机械费	单价	损耗率/%
4－2－76	照明配电箱嵌入式 安装半周长≤1.0m	台	102.30	10.60	0	900.00 元/台	

定额编号	项目名称	定额单位	安装基价/元			主材	
			人工费	材料费	机械费	单价	损耗率/%
4−2−76	插座箱嵌入式安装 半周长≤1.0m	台	102.30	10.60	0	500.00 元/台	
4−12−34	砖、混凝土结构暗配 钢管 DN15	10m	46.80	9.92	3.57	5.00 元/m	3
4−12−35	砖、混凝土结构 暗配钢管 DN20	10m	46.80	17.36	3.65	6.50 元/m	3
4−13−5	管内穿照明线 BV2.5mm^2	10m	8.10	2.70	0	3.00 元/m	16
4−13−6	管内穿照明线 BV4mm^2	10m	5.40	3.00	0	4.20 元/m	10
4−13−178	暗装插座盒86H50型	个	3.30	0.96	0	3.00 元/个	2
4−13−178	暗装地坪插座盒100H60型	个	3.30	0.96	0	10.00 元/个	2
4−14−401	单相带接地暗插座10A	套	6.80	1.85	0	12.00 元/套	2
4−14−401	单相带接地地坪暗插座10A	套	6.80	1.85	0	90.00 元/套	2

3. 该工程的人工费单价（综合普工、一般技工和高级技工）为100元/工日，管理费和利润分别按人工费的30%和10%计算。

4. 相关分部分项工程量清单项目编码及项目名称见表5-3-14。

表5-3-14　相关分部分项工程量清单项目编码及名称

项目编码	项目名称	项目编码	项目名称
030404017	配电箱	030411001	配管
030404018	插座箱	030411004	配线
030404031	小电器	030411005	接线箱
030404035	插座	030411006	接线盒
030404036	其他电器		

问题：

1. 按照背景资料1～4和图5-3-5所示内容，根据《建设工程工程量清单计价规范》（GB 50500—2013）和《通用安装工程工程量计算规范》（GB 50856—2013）的规定，计算各分部分项工程量，并将配管（DN15、DN20）和配线（BV2.5mm^2、BV4mm^2）的工程量计算式与结果填写在指定位置；计算各分部分项工程的综合单价与合价，编制完成表5-3-15"分部分项工程和单价措施项目清单与计价表"。

2. 设定该工程"管内穿线 BV2.5mm^2"的清单工程量为300m，其余条件均不变，根据背景材料2中的相关数据，编制完成表5-3-16"综合单价分析表"。

（计算结果保留两位小数）

表 5-3-15 分部分项工程和单价措施项目清单与计价表

工程名称：办公楼　　　　　　　　　　　　　　　　　　　　　　　　　标段：一层插座

序号	项目编码	项目名称	项目特征描述	计量单位	工程量	金额/元		
						综合单价	合价	其中：暂估价
1								
2								
3								
4								
5								
6								
7								
8								
9								
10								
合计								

表 5-3-16 综合单价分析表

工程名称：办公楼　　　　　　　　　　　　　　　　　　　　　　　　　标段：一层插座

项目编码	030411004001		项目名称	配线	计量单位	m	工程量	300
清单综合单价组成明细								

定额编号	定额项目名称	定额单位	数量	单价				合价			
				人工费	材料费	机械费	管理费和利润	人工费	材料费	机械费	管理费和利润
4-13-5	管内穿照明线 2.5mm²	10m	0.10								

人工单价		小计				
100 元/工日		未计价材料费				
清单项目综合单价						

材料费明细	主要材料名称、规格、型号	单位	数量	单价/元	合价/元	暂估单价/元	暂估合价/元
	绝缘导线 BV-500 2.5mm²	m	1.16				
	其他材料费			—		—	
	材料费小计/元			—		—	

✏️ **学习笔记**

案例六

1. 某厂区室外消防给水管网平面图见图 5-3-6。

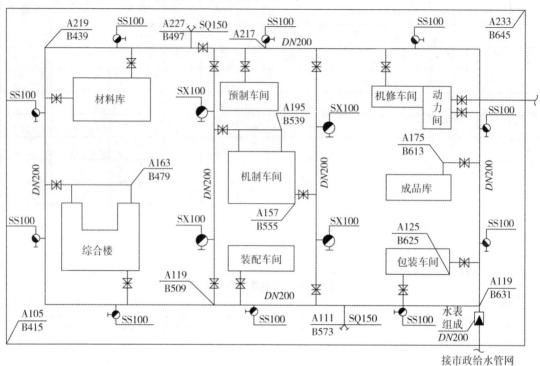

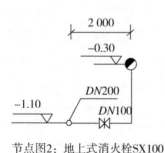

节点图1：地上式消火栓SS100

节点图2：地上式消火栓SX100

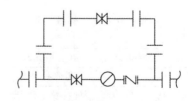

节点图3：地上消防水泵接合器SQ150

节点图4：水表组成

图 5-3-6 某厂区室外消防给水管网平面图

说明：

（1）该图所示为某厂区室外消防给水管网平面图。管道系统工作压力为 1.0MPa。图中平面尺寸均以相对坐标标注，单位以 m 计；详图中标高以 m 计，其他尺寸以 mm 计。

（2）管道采用镀锌无缝铜管，管件采用碳钢成品法兰管件。各建筑物的进户管入口处设有阀门的，其阀门距离建筑物外墙皮为 2m，入口处没有设阀门的，其三通或弯头距离建筑物外墙皮为 4.5m；其规格除注明外均为 $DN100$。

（3）闸阀型号为 Z41T-16，止回阀型号为 H41T-16，安全阀型号为 A41H-16；地上式消火栓型号为 SS100-1.6，地下式消火栓型号为 SX100-1.6，消防水泵接合器型号为 SQ150-1.6；水表型号为 LXL-1.6，消防水泵接合器安装及水表组成敷设连接形式详见节点图 1、2、3、4。

（4）消防给水管网安装完毕进行水压试验和水冲洗。

2．假设消防管网工程量如下：

管道 $DN200$ 800m、$DN150$ 20m、$DN100$ 18m，室外消火栓地上 8 套、地下 5 套，消防水泵接合器 3 套，水表 1 组，闸阀 Z41T-16 $DN200$ 12 个、止回阀 H41T-16 $DN200$ 2 个、闸阀 Z41T-16 $DN100$ 25 个。

3．消防管道工程相关分部分项工程量清单项目的统一编码见表 5-3-17。

表 5-3-17 分部分项工程量清单项目名称与统一编码表

项目编码	项目名称	项目编码	项目名称
030901002	消火栓钢管	031001002	低压碳钢管
030901011	室外消火栓	031003003	焊接法兰阀门
030901012	消防水泵接合器	030807003	低压法兰阀门
031003013	水表	030807005	低压安全阀门

注：编码前四位 0308 为工业管道工程，0309 为消防工程，0310 为给排水、采暖、燃气工程。

4．消防工程的相关定额见表 5-3-18。

表 5-3-18 相关定额数据表

序号	工程项目及材料名称	计量单位	工料机单价/元			未计价材料/元	
			人工费	材料费	机械费	单价	耗用量
1	法兰镀锌钢管安装 $DN100$	10m	160.00	330.00	130.00	7.0 元/kg	9.81
2	室外地上式消火栓 SS100	套	75.00	200.00	65.00	280.00 元/套	1.00
3	低压法兰阀门 $DN100$ Z41T-16	个	85.00	60.00	45.00	闸阀 260.00 元/个	1.00
4	地上式消火栓配套附件	套				90.00 元/套	1.00

注：（1）$DN100$ 镀锌无缝钢管的理论重量为 12.7kg/m。

（2）企业管理费、利润分别按人工费的 60%、40% 计。

问题：

1．按照图 5-3-6 所示内容，列式计算室外管道、阀门、消火栓、消防水泵接合器、水表组成安装项目的分部分项清单工程量。

2．根据背景资料 2、3，以及图 5-3-6 规定的管道安装技术要求，编列出管道、阀门、消火栓、消防水泵接合器、水表组成安装项目的分部分项工程量清单，填入表 5-3-19 "分部分项工程和单价措施项目清单与计价表"中。

3．根据《通用安装工程工程量计算规范》（GB 50856—2013）、《建设工程工程量清单计价规范》（GB 50500—2013）规定，按照背景资料 4 中的相关定额数据，编制室外地上式消火栓 SS100 安装项目的"综合单价分析表"，填入表 5-3-20 中。

4. 厂区综合楼消防工程单位工程招标控制价中的分部分项工程费为 485 000 元，中标人投标报价中的分部分项工程费为 446 200 元。在施工过程中，发包人向承包人提出增加安装 2 台消防水炮的工程变更，消防水炮由发包方采购。合同约定：招标工程量清单中没有适用的类似项目，按照《建设工程工程量清单计价规范》（GB 50500—2013）规定和消防工程的报价浮动率确定清单综合单价。经查当地工程造价管理机构发布的消防水炮安装定额价目表为 290 元，其中人工费 120 元；消防水炮安装定额未计价主要材料费为 420 元/台。列式计算消防水炮安装项目的清单综合单价。

（计算结果保留两位小数）

表 5-3-19　分部分项工程和单价措施项目清单与计价表

工程名称：某厂区　　　　　　　　　标段：室外消防给水管网安装　　　　　　　第 1 页　共 1 页

序号	项目编码	项目名称	项目特征描述	计量单位	工程量	金额/元		
						综合单价	合价	其中：暂估价
		本页小计						
		合计						

注：各分项之间用横线分开。

表 5-3-20　综合单价分析表

工程名称：某厂区　　　　　　　　　标段：室外消防给水管网安装　　　　　　　第 1 页　共 1 页

项目编码	030901011001	项目名称	室外地上式消火栓 SS100	计量单位	套	工程量	1

清单综合单价组成明细

定额编号	定额名称	定额单位	数量	单价				合价			
				人工费	材料费	机械费	管理费和利润	人工费	材料费	机械费	管理费和利润

人工单价		小计	
元/工日		未计价材料费	
清单项目综合单价			

续表

项目编码	030901011001	项目名称	室外地上式消火栓 SS100	计量单位	套	工程量	1

材料费明细	主要材料名称、规格、型号	单位	数量	单价/元	合价/元	暂估单价/元	暂估合价/元
	其他材料费						
	材料费小计						

✎学习笔记

....

....

....

....

....

....

....

....

....

....

....

....

....

....

....

....

....

....

....

....

真题汇编

（建议学习时间：**1**周）

学习计划（第8周）：

Day 1

Day 2

Day 3

Day 4

Day 5

Day 6

Day 7

真题汇编

一、**单项选择题**（共20题，每题1分。每题的备选项中，只有1个最符合题意）

1. 根据现行计价依据的相关规定，编制招标控制价和投标报价时的其他项目费不包括（　　）。[浙江 2019]

   A. 暂列金额

   B. 失业保险费

   C. 计日工

   D. 总承包服务费

2. 风管制作安装按施工图规格不同以展开面积计算，不扣除（　　）所占面积。[浙江 2019]

   A. 消声器

   B. 静压箱

   C. 风阀

   D. 风口

3. 管道的标高数字对于给水管道、采暖管道是指（　　）。[重庆 2021]

   A. 管道中心处的位置相对于+0.000 的高度

   B. 管底的位置相对于+0.000 的高度

   C. 管底的相对标高

   D. 管道中心处的相对标高

4. 下列给排水管道的阀门中，公称压力为1.0MPa 的阀门是（　　）。[陕西 2019]

   A. D741X-1.0

   B. J11T-10

   C. Z942M-100

   D. Q21F-0.1P

5. 消防给水系统工程及算量中最重要的是（　　），直接关系工程质量。[陕西 2019]

   A. 总说明

   B. 系统图

   C. 详图

   D. 图集

6. 采暖主干管的工程量计算规则中，错误的是（　　）。[陕西 2019]

   A. 采暖系统干管应包括供水干管与回水干管两部分

   B. 计算时应从底层供暖管道入口处开始，沿着干管走向，直到建筑内部各干管末端为止

   C. 计算时应先从小管径开始，逐步计算至大管径

   D. 主干立管应按照管道系统轴测图中所注标高计算

7. 在编制投标报价时，对于其他项目费中的计日工报价，投标人应（　　）。[四川 2021]

   A. 按招标人在其他项目清单中列出的项目和数量，按国家或省级、行业建设主管部门颁发的计价定额和计价办法的规定计算

   B. 按招标人在其他项目清单中列出的项目和数量，自主确定综合单价并计算计日工费用

   C. 按拟定的施工组织设计或施工方案列出的项目和数量，自主确定综合单价并计算计日工费用

   D. 按拟定的施工组织设计或施工方案列出的项目和数量，按国家或省级、行业建设主管部门颁发的计价定额和计价办法的规定计算

8. 电力电缆进入建筑物的预留长度，规范规定的最小值是（　　）m。[2020 湖北]

   A. 1.2　　　　　　B. 1.5　　　　　　C. 2.0　　　　　　D. 2.5

9. 非直联式泵按本体和底座的总量计算，不包括（　　）重量，但包括电动机的安装费。[江西 2020]

   A. 电动机

   B. 电焊机

   C. 主机

   D. 发动机

10. 下列费用中，不属于安装工程建设规费的是（　　）。[陕西 2020]

    A. 养老保险   B. 医疗保险

    C. 工伤保险   D. 企业年金

11. 相邻两个施工班组相继投入同一施工段开始工作的时间间隔称为（　　）。[陕西 2020]

    A. 流水节拍   B. 搭接时间

    C. 流水过程   D. 流水步距

12. 管道安装工程中，中压管道介质压力不大于（　　）MPa。[陕西 2020]

    A. 1.6   B. 2.5

    C. 5.0   D. 10.0

13. 地下人防通风系统施工中，不包括（　　）。[陕西 2020]

    A. 风管与配件制作   B. 防爆波活门

    C. 消声器设备安装   D. 过滤吸收器

14. 根据《通用安装工程工程量计算规范》（GB 50856—2013），工作量按设计图示外径尺寸以展开面积计算的通风管道是（　　）。[甘肃 2022]

    A. 碳钢通风管   B. 铝板通风管道

    C. 玻璃钢通风管道   D. 塑胶通风管道

15. 地漏水封高度一般不小于（　　）。[陕西 2020]

    A. 15nn   B. 25mm

    C. 30mm   D. 50mm

16. 末端试水装置不具备的检验功能是（　　）。[陕西 2020]

    A. 启动   B. 报警

    C. 联动   D. 灭火

17. DN75 的镀锌钢管应采用的连接方式是（　　）。[陕西 2020]

    A. 螺纹连接   B. 法兰连接

    C. 承压式专用管件   D. 卡套式专用管件

18. 当电压达到 500V，且电缆需要承受较大机械外力时，宜选用的电缆是（　　）。[陕西 2020]

    A. YHZ   B. YHC

    C. YHH   D. YHHR

19. 支架上的高压电缆与控制电缆的净距，不应小于（　　）。[陕西 2020]

    A. 35mm   B. 100mm

    C. 150mm   D. 200mm

20. 扁钢母线与设备连接，滑触线安装预留长度是（　　）。[陕西 2020]

    A. 0.2m   B. 0.5m

    C. 1.0m   D. 1.3m

二、多项选择题（共 10 题，每题 2 分。每题的备选项中，有 2 个或 2 个以上符合题意，至少有 1 个错项。错选，本题不得分；少选，所选的每个选项得 0.5 分）

21. 下列调试属于防火控制装置调试的有（　　）。[浙江 2019]

    A. 防火卷帘门控制装置调试   B. 消防水炮控制装置调试

    C. 消防水泵控制装置调试   D. 离心式排烟风机控制装置调试

    E. 电动防火阀、电动排烟阀调试

22. 关于给排水、采暖、燃气管道工程的清单工程量计算规则，下列说法错误的有（　　）。[四川 2021]

    A. 管道按设计图示管道中心线长度以长度计算，扣除阀门、管件所占的长度

    B. 管道的水平长度按照平面图的尺寸计算

    C. 垂直长度按照系统图的标高计算

    D. 室内水平管道的坡度应予以考虑

    E. 方形伸缩器以其所占长度按管道安装工程量计算

23. 关于工业管道与其他专业的界线划分，正确的有（　　）。[陕西 2019]

    A. 给水应以入口水表碰头处为界

    B. 排水应以厂区围墙外第一个污水井

    C. 蒸汽应以入口第一个阀门为界

    D. 锅炉房应以外墙皮 1.5m 为界

    E. 水泵房应以墙皮 1.5m 为界

24. 下列选项中，关于电缆规格型号为"$YJV_{32}-4\times50+1\times25$"说法正确的有（　　）。[2020 湖北]

    A. 电缆保护层不带铠装层

    B. 电缆芯为 5 芯

    C. 线芯最大面积为 $50mm^2$

    D. 铜芯控制电缆

    E. 铝芯电力电缆

25. 给排水工程量清单项目，镀锌钢管子目项目特征的描述内容有（　　）。[2020 江西]

    A. 安装部位　　　　　　　　　　B. 连接形式

    C. 警示带形式　　　　　　　　　D. 除锈剂形式

    E. 介质

26. 室内采暖工程施工平面图的主要内容有（　　）。[陕西 2020]

    A. 阀门型号　　　　　　　　　　B. 立管位置

    C. 热媒入口　　　　　　　　　　D. 膨胀水箱布置

    E. 管道空间布置

27. 安全阀的主要类型有（　　）。

    A. 弹簧式　　　　　　　　　　　B. 杠杆式

    C. 自吸式　　　　　　　　　　　D. 脉冲式

    E. 虹吸式

28. 下列安装定额子目不包括支架制作安装的有（　　）。[浙江 2019]

    A. 消声器安装

    B. 过滤吸收器安装

    C. 滤尘器安装

    D. 静压箱吊装

    E. 诱导器吊装

29. 下列说法正确的有（　　）。[浙江 2019]

    A. 沟槽恢复定额仅适用于新建工程

    B. 离心泵安装的工作内容不包括电动机的检查、干燥、配线、调试等

C. 给排水工程中，设置于管道间、管廊内的管道、法兰、阀门、支架安装，其定额人工乘以系数1.2

D. 对用量很少、影响基价很小的零星材料合并为其他材料费，计入材料费内

E. 利用建（构）筑物桩承台接地时，柱内主筋与桩承台跨接工作量已经综合在相应项目中

30. 采暖系统中人工补偿器有（　　）。[陕西2019]

A. 自然补偿器

B. 方形补偿器

C. 波纹管补偿器

D. 套筒式补偿器

E. 球形补偿器

三、案例题

案例一【浙江2019】

本题为工程量计算题（本题共20分，计算保留2位小数）。

如图所示为某办公楼卫生间部分排水系统图及平面图。试根据说明、系统图、平面图及《通用安装工程工程量计算规范》（GB 50856—2013）和我省现行计价依据的有关规定，用国标清单计价法完成工程量计算及国标清单编制。

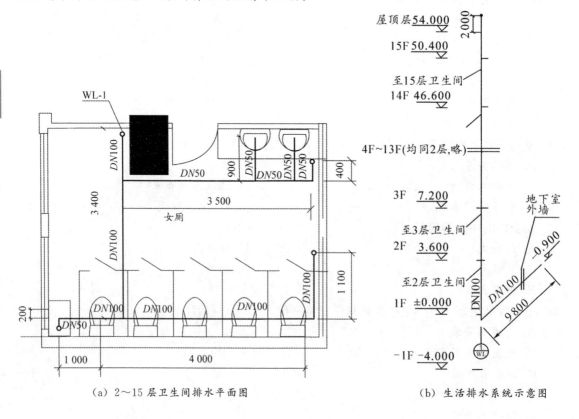

（a）2～15层卫生间排水平面图　　　　（b）生活排水系统示意图

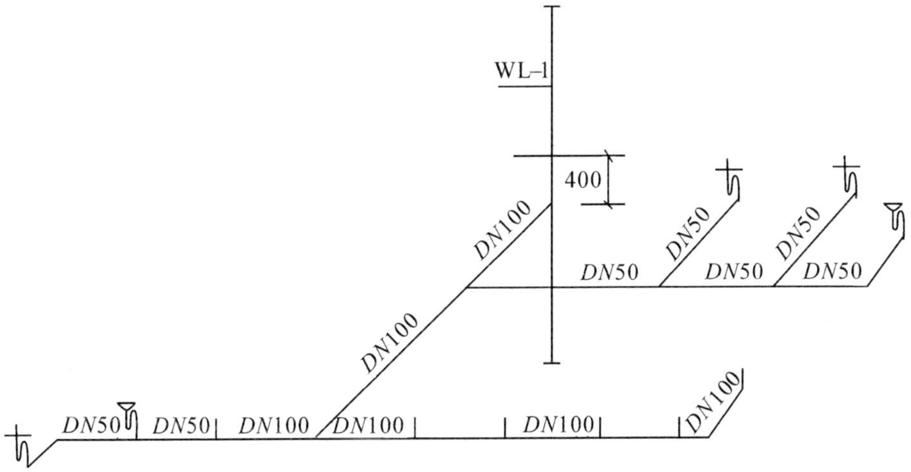

WL-1

400

DN100

DN50

DN50

DN50

DN50

DN100

DN50

DN100

DN50 DN50 DN100 DN100 DN100 DN100

（c）2～15层卫生间排水系统大样图

图1　某办公楼卫生间部分排水平面图、系统图及大样图

说明：

（1）本工程采用相对标高，单位以"m"计，尺寸以"mm"计。

（2）排水管采用UPVC塑料排水管，粘接，排水立管穿楼板设置阻火圈。

（3）排水管道穿屋面地下室外墙采用钢性防水套管；排水立管穿楼板采用普通钢套管（钢套圈规格按相应排水管公称管径放大二号考虑）；器具排水管穿楼板预留孔洞。

（4）本工程采用陶瓷卫生器具，选型分别为：台下式洗脸盆（冷热水）、洗涤盆（单嘴）、分体水箱坐式大便器。

（5）排水管道安装完毕后进行灌水试验。

（6）一层不设卫生间。

（7）埋地管道挖填土方工程量不计。

问题：

1. 计算出所有排水管道的工程量，并写出其计算过程，填入表1。

2. 编制出给排水工程涉及的全部分部分项工程量清单项目，填入表2。

表1　工程量计算表

工程名称：某办公楼给排水工程

序号	项目名称	单位	计算式	合计
1	UPVC排水管 DN50			
2	UPVC排水管 DN100			

表2　分部分项工程量清单项目表

工程名称：某办公楼给排水工程

序号	项目编码	项目名称	项目特征	计量单位	工程量

续表

序号	项目编码	项目名称	项目特征	计量单位	工程量

案例二【陕西 2019】

某办公楼电气安装工程造价为 975 万元，主要材料费占安装施工产值的 65%。预付备料款为电气安装工程造价的 20%。工程进度数逐月计算，每月实际完成产值见表 3。

表 3　工程产值汇总表

月份	7	8	9	10	11
完成产值/万元	125	160	220	260	210

问题：

1. 根据上述已知条件，计算本电气安装工程预付款和预付款起扣点。

2. 根据上述已知条件，分别计算 9 月、10 月份应结算工程款。

案例三【四川 2020】

某照明平面见图 2。灯具采用双管荧光灯、防水吊灯，开关选用板式开关，暗装。

根据川建造价发〔2016〕349 号文件的规定，对 2015 年《四川省建设工程工程量清单计价定额》调整系数如下：机械费 92.8%，综合费 105%，计价材料费 88%，摊销材料费 87%。

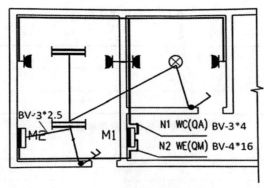

图 2　某照明平面图

问题：

1. 双联板式开关的不含税价格为 15 元/套，计算双联开关安装清单项目的合价。

2. 防水吊灯的不含税价格为 42 元/套，计算防水吊灯安装清单项目的合价。

3. 15A 五孔插座的不含税价格为 20 元/套，计算插座安装清单项目的合价。

（计算过程及结果均保留两位小数）

案例四【江西 2020】

镀锌钢板矩形风管 900×320（厚度＝1.2mm）。根据定额子目 7-2-3，定额基价 549.58 元/10m²，人工费 374.09 元/10m²，材料费 160.18 元/10m²，机械费 15.31 元/10m²。风管制作人工费占 60%，材料费占 95%，机械费占 95%，风管安装人工费占 40%，材料费占 5%，机械费占 5%。

问题：

1. 求镀锌钢板矩形风管的制作费。
2. 求镀锌钢板矩形风管的安装费。

参考答案与解析

第一章　安装工程专业基础知识

第一节　安装工程的分类、特点及基本工作内容

考点　安装工程的分类、特点及基本工作内容

一、单项选择题

1.【答案】B

【解析】安装工程项目是指按照总体设计进行建设的项目总成，范围通常包含：

（1）在厂界或建筑物之内总图布置上表示的所有拟建工程。

（2）与厂界或建筑物及各协作点相连的所有相关工程。

（3）与生产或运营相配套的生活区内的一切工程。

（4）某些项目（如长输管道工程、输配电工程）则以干线为主，辅以各类站点，干线施工完成后，依法设置保护区，有明显警示标识，而无厂界。

二、多项选择题

2.【答案】AC

【解析】公用工程项目组成包括：室内外工艺管网、给水管网、排水管网、供热系统管网、通风与空调系统管网；变配电所及其布线系统；通信系统及其线网。选项A，废水处理回收用装置属于辅助设施项目组成；选项C，运输通道属于按总图布置标示的工程组成。

第二节　安装工程常用材料的分类、基本性能及用途

考点 1　建设工程材料【必会】

一、单项选择题

1.【答案】D

【解析】含碳量高的钢材强度高（当含碳量超过1.00％时，钢材强度开始下降）、塑性小、硬度大、脆性大且不易加工，选项A正确。钢材含碳量低，钢的强度低，塑性大，选项C正确。硫、磷为钢材中有害元素，含量较多就会严重影响钢材的塑性和韧性，磷使钢材显著产生冷脆性，硫则使钢材产生热脆性，选项B正确。硫含量增加会严重影响钢材塑性和韧性，选项D错误。

2.【答案】A

【解析】奥氏体不锈钢中主要合金元素为铬、镍、钛、铌、钼、氮和锰等。此钢具有较高的韧性、良好的耐蚀性、高温强度和较好的抗氧化性，以及良好的压力加工和焊接性能。但是这类钢的屈服强度低，且不能采用热处理方法强化，只能进行冷变形强化。

3. 【答案】B

【解析】铸铁的韧性和塑形，主要决定了石墨的数量、形状、大小和分布，其中石墨形状的影响最大。基体组织是影响铸铁硬度、抗压强度和耐磨性的主要因素。

4. 【答案】C

【解析】镍及镍合金是用于化学、石油、有色金属冶炼、高温、高压、高浓度或混有不纯物等各种苛刻腐蚀环境的比较理想的金属材料。由于镍的标准电势大于铁，可获得耐蚀性优异的镍基耐蚀合金。镍力学性能良好，尤其塑性、韧性优良，能适应多种腐蚀环境。广泛应用于化工、制碱、冶金、石油等行业中的压力容器、换热器、塔器、蒸发器、搅拌器、冷凝器、反应器和储运容器等。

5. 【答案】D

【解析】铸石具有极优良的耐磨性、耐化学腐蚀性、绝缘性及较高的抗压性能，其耐磨性能比钢铁高十几倍至几十倍。在各类酸碱设备中的应用效果，高于不锈钢、橡胶、塑性材料及其他有色金属十倍到几十倍；但脆性大、承受冲击荷载的能力低。因此，在要求耐蚀、耐磨或高温条件下，当不受冲击振动时，铸石是钢铁（包括不锈钢）的理想代用材料，不但可节约金属材料、降低成本，而且能有效地提高设备的使用寿命。

6. 【答案】A

【解析】聚丙烯是由丙烯聚合而得的结晶型热塑性塑料。聚丙烯具有质轻、不吸水，介电性、化学稳定性和耐热性良好（可在 100℃ 以上使用，若无外力作用，温度达到 150℃ 时不会发生变形），力学性能优良，但耐光性能差，易老化，低温韧性和染色性能不好。

二、多项选择题

7. 【答案】BC

【解析】高温用绝热材料，使用温度可在 700℃ 以上。这类纤维质材料有硅酸铝纤维和硅纤维等；多孔质材料有硅藻土、蛭石加石棉和耐热结合剂等制品。中温用绝热材料，使用温度在 100～700℃ 之间。中温用纤维质材料有石棉、矿渣棉和玻璃纤维等；多孔质材料有硅酸钙、膨胀珍珠岩、蛭石和泡沫混凝土等。低温用绝热材料，用于温度在 100℃以下的保温或保冷工程中。保冷材料多为有机绝热材料，如聚苯乙烯泡沫塑料、聚氯乙烯泡沫塑料、软木等。

8. 【答案】ABD

【解析】聚四氟乙烯俗称塑料王，它是由四氟乙烯用悬浮法或分散法聚合而成，具有非常优良的耐高、低温性能，可在 −180～260℃ 的范围内长期使用。几乎耐所有的化学药品，在腐蚀性极强的王水中煮沸也不起变化，摩擦系数极低，仅为 0.04。聚四氟乙烯不吸水、电性能优异，是目前介电常数和介电损耗最小的固体绝缘材料。缺点是强度低、冷流性强。

【名师点拨】介电常数和介电损耗是材料绝缘性的表征，其值越小，代表其导电性能越弱，绝缘性越好。

9. 【答案】ACD

【解析】复合材料的特点包括：①高比强度和高比模量；②耐疲劳性高；③抗断裂能力强；④减振性好；⑤高温性能好，抗蠕变能力强；⑥耐蚀性好；⑦较优良的减摩性、耐磨性、自润滑性和耐蚀性。

考点 2 安装工程材料【必会】

一、单项选择题

10. 【答案】D

【解析】氟-46涂料具有优良的耐腐蚀性能，对强酸、强碱及强氧化剂，在高温下也不发生任何作用。耐寒性很好，具有杰出的防污和耐候性，因此可维持15～20年不用重涂。特别适用于对耐候性要求很高的桥梁或化工厂设施，在赋予被涂物美观外表的同时避免基材的锈蚀。

11. 【答案】D

【解析】锅炉用高压无缝钢管是用优质碳素钢和合金钢制造，质量比一般锅炉用无缝钢管好，可以耐高压和超高压。用于制造锅炉设备与高压超高压管道，也可用来输送高温、高压汽、水等介质或高温高压含氢介质。

12. 【答案】D

【解析】铸铁管分为给水铸铁管和排水铸铁管两种。其特点是经久耐用，抗腐蚀性强、性质较脆，多用于耐腐蚀介质及给排水工程。铸铁管的连接形式分为承插式和法兰式两种。

13. 【答案】C

【解析】合金钢管用于各种锅炉耐热管道和过热器管道等。直缝电焊钢管主要用于输送水、暖气和煤气等低压流体和制作结构零件等。螺旋缝钢管按照生产方法可以分为单面螺旋缝焊管和双面螺旋缝焊管两种。单面螺旋缝焊管用于输送水等一般用途，双面螺旋缝焊管用于输送石油和天然气等特殊用途。

14. 【答案】D

【解析】PP-R管是最轻的热塑性塑料管，相对聚氯乙烯管、聚乙烯管来说，PP-R管具有较高的强度，较好的耐热性，最高工作温度可达95℃，在1.0MPa下长期（50年）使用温度可达70℃，另外PP-R管无毒、耐化学腐蚀，在常温下无任何溶剂能溶解，目前它被广泛地用在冷热水供应系统中。但其低温脆化温度仅为-15～0℃，在北方地区其应用受到一定限制。每段长度有限，且不能弯曲施工。

【名师点拨】超高分子量聚乙烯管使用温度为-169～110℃；聚乙烯管使用温度不超过40℃；交联聚乙烯管使用温度为-70～110℃。

二、多项选择题

15. 【答案】ABD

【解析】聚乙烯（PE）管无毒、重量轻、韧性好、可盘绕、耐腐蚀，在常温下不溶于任何溶剂，低温性能、抗冲击性和耐久性均比聚氯乙烯好。目前PE管主要应用于饮用水管、雨水管、气体管道、工业耐腐蚀管道等领域。PE管强度较低，一般适宜于压力较低的工作环境，且耐热性能不好，不能作为热水管使用。

16. 【答案】ABD

【解析】酸性焊条药皮中含有多种氧化物，具有较强的氧化性，促使合金元素氧化；同时电弧气中的氧电离后形成负离子与氢离子有很强的亲和力，生成氢氧根离子，从而防止氢离子溶入液态金属里，所以这类焊条对铁锈、水分不敏感，焊缝很少产生由氢引起的气孔。但酸性熔渣脱氧不完全，也不能有效地清除焊缝的硫、磷等杂质，故焊缝的金属的力学性能较低，一般用于焊接低碳钢和不太重要的碳钢结构。焊接过程中产生烟尘较少，有利于焊工健康。

17.【答案】 ACD

【解析】 碱性焊条其熔渣的主要成分是碱性氧化物（如大理石、萤石等），并含有较多的铁合金作为脱氧剂和合金剂，焊接时大理石分解产生的二氧化碳气体作为保护气体。由于焊条的脱氧性能好，合金元素烧损少，焊缝金属合金化效果较好。但由于电弧中含氧量低，如遇焊件或焊条存在铁锈和水分时，容易出现氢气孔。碱性焊条的熔渣脱氧较完全，又能有效地消除焊缝金属中的硫，合金元素烧损少，所以焊缝金属的力学性能和抗裂性均较好，可用于合金钢和重要碳钢结构的焊接。

18.【答案】 BCD

【解析】 耐腐蚀性涂料的类型见下表。

类型	内容
金属附着力差	酚醛树脂漆、过氯乙烯漆、呋喃树脂漆
金属附着力好	生漆、漆酚树脂漆、环氧树脂涂料、聚氨基甲酸酯漆、环氧煤沥青
耐碱性好	环氧-酚醛漆、环氧树脂涂料、沥青漆、呋喃树脂漆、聚氨基甲酸酯漆、环氧煤沥青、氟-46涂料
不耐碱	生漆、漆酚树脂漆、酚醛树脂漆、无机富锌漆
不耐紫外线	生漆、漆酚树脂漆、过氯乙烯漆、沥青漆
电绝缘性	酚醛树脂漆、环氧-酚醛漆、聚氨基甲酸酯漆

考点 3　安装工程常用管件、附件【必会】

一、单项选择题

19.【答案】 D

【解析】 榫槽面型是具有相配合的榫面和槽面的密封面，垫片放在槽内，由于受槽的阻挡，不会被挤出。垫片比较窄，因而压紧垫片所需的螺栓力也就相应较小。即使应用于压力较高之处，螺栓尺寸也不致过大。安装时易对中。垫片受力均匀，故密封可靠，很少受介质的冲刷和腐蚀。适用于易燃、易爆、有毒介质及压力较高的重要密封。但更换垫片困难，法兰造价较高。

20.【答案】 C

【解析】 O型圈面型的截面尺寸都很小，质量轻，材料消耗少，且使用简单，安装、拆卸方便，更为突出的优点还在于O型圈具有良好的密封能力，压力使用范围很宽，静密封工作压力可达100MPa。

【名师点拨】 O型圈相当于橡皮筋，有一定的伸缩性能，所以耐压性能也比较广。

21.【答案】 B

【解析】 填料式补偿器安装方便，占地面积小，流体阻力较小，补偿能力较大。缺点是轴向推力大，易漏水漏气，需经常检修和更换填料。如管道变形有横向位移时，易造成填料圈卡住。这种补偿器主要用在安装方形补偿器时空间不够的场合。

22.【答案】 B

【解析】 平焊法兰只适用于压力等级比较低，压力波动、振动及震荡均不严重的管道系统中。

23.【答案】 D

【解析】 蝶阀不仅在石油、煤气、化工、水处理等一般工业上得到广泛应用，而且还应用于热电站的冷却水系统。蝶阀结构简单、体积小、重量轻，只由少数几个零件组成。而且只需旋转90°即可快速启闭，操作简单，同时具有良好的流体控制特性。蝶阀处于完全开启位置时，碟板厚度是介质流经阀体时唯一的阻力，因此通过该阀门所产生的压力降很小，故具有较好的流量控制特性。蝶阀适合安装在大口径管道上。

24.【答案】B

【解析】弹簧式安全阀是利用弹簧的压力来平衡介质的压力，阀瓣被弹簧紧压在阀座上，平时阀瓣处于关闭状态。

25.【答案】C

【解析】截止阀流体阻力大，具有"低进高出"的特点。不适用于带颗粒和黏性较大的介质为截止阀。

26.【答案】B

【解析】填料式补偿器安装方便，占地面积小，流体阻力较小，补偿能力较大。缺点是轴向推力大，易漏水漏汽，需经常检修和更换填料。

27.【答案】C

【解析】在热力管道上，波形补偿器只用于管径较大、压力较低的场合。它的优点是结构紧凑，只发生轴向变形，与方形补偿器相比占据空间位置小。缺点是制造比较困难、耐压低、补偿能力小、轴向推力大。它的补偿能力与波形管的外形尺寸、壁厚、管径大小有关。

二、多项选择题

28.【答案】CD

【解析】半金属垫片主要有金属包覆垫片、金属缠绕垫片、金属波纹复合垫片、金属齿形复合垫片等。金属垫片有平形金属垫片、波形金属垫片、齿形金属垫片、环形金属垫片。

29.【答案】AC

【解析】阀门按其动作特点分为两大类，驱动阀门和自动阀门。驱动阀门：截止阀、节流阀（针型阀）、闸阀、旋塞阀等。自动阀门：止回阀（逆止阀、单流阀）、安全阀、浮球阀、减压阀、跑风阀和疏水器等。

30.【答案】ABD

【解析】安全阀按构造不同，主要分为弹簧式安全阀、杠杆式安全阀和脉冲式安全阀。

考点 4 安装工程电气材料【重要】

一、单项选择题

31.【答案】C

【解析】NH表示耐火；VV表示聚氯乙烯护套；22表示双钢带铠装；3×25+1×16表示三芯25mm²、一芯16mm²；电缆前无字母表示铜芯。

32.【答案】A

【解析】电缆通用外护层型号数字含义见下表。

第一个数字		第二个数字	
代号	铠装层类型	代号	外被层类型
0	无	0	无
1	钢带	1	纤维线包

续表

第一个数字		第二个数字	
2	双钢带	2	聚氯乙烯护套
3	细圆钢丝	3	聚乙烯护套
4	粗圆钢丝	4	—

33.【答案】C

【解析】耐火电缆在结构上带有特殊耐火层，与一般电缆相比，具有优异的耐火耐热性能，适用于高层及安全性能要求高场所的消防设施。耐火电缆与阻燃电缆的主要区别在于耐火电缆在火灾发生时能维持一段时间的正常供电，而阻燃电缆不具备这个特性。耐火电缆主要使用在应急电源至用户消防设备、火灾报警设备、通风排烟设备、疏散指示灯、紧急电源插座、紧急用电梯等供电回路。

34.【答案】A

【解析】双绞线是由两根绝缘的导体扭绞封装在一个绝缘外套中而形成的一种传输介质，通常以对为单位，并把它作为电缆的内核，根据用途不同，其芯线要覆以不同的护套。扭绞的目的是使对外的电磁辐射和遭受外部的电磁干扰减少到最小。

35.【答案】A

【解析】ZR-YJ（L）V$_{22}$-3×120-10-300 表示铜（铝）芯交联聚乙烯绝缘、聚氯乙烯护套、双钢带铠装、三芯、120mm^2、电压 10kV、长度为 300m 的阻燃电力电缆。

36.【答案】D

【解析】各类电缆型号的适用范围见下表。

电缆型号		名称	适用范围
铜芯	铝芯		
YJV	YJLV	交联聚乙烯绝缘聚氯乙烯护套电力电缆	室内，隧道，穿管，埋入土内（不承受机械力）
YJY	YJLY	交联聚乙烯绝缘聚乙烯护套电力电缆	
YJV$_{22}$	YJLV$_{22}$	交联聚乙烯绝缘聚氯乙烯护套双钢带铠装电力电缆	室内，隧道，穿管，埋入土内
YJV$_{23}$	YJLV$_{23}$	交联聚乙烯绝缘聚乙烯护套双钢带铠装电力电缆	
YJV$_{32}$	YJLV$_{32}$	交联聚乙烯绝缘聚氯乙烯护套细钢丝铠装电力电缆	竖井，水中，有落差的地方，能承受外力
YJV$_{33}$	YJLV$_{33}$	交联聚乙烯绝缘聚乙烯护套细钢丝铠装电力电缆	

37.【答案】A

【解析】铜绞线具有优良的导线性能和较高的机械强度，且耐腐蚀性强，一般应用于电流密度较大或化学腐蚀较严重的地区。

二、多项选择题

38.【答案】ABC

【解析】控制电缆与电力电缆的区别包括：①电力电缆有铠装和无铠装的，控制电缆一般有编织的屏蔽层；②电力电缆通常线径较粗，控制电缆截面一般不超过 $10mm^2$；③电力电缆有铜芯和铝芯，控制电缆一般只有铜芯；④电力电缆有高耐压的，所以绝缘层厚，控制电缆一般是低压的，绝缘层相对较薄；⑤电力电缆芯数少（一般少于 5 芯），控制电缆一般芯数多。

39. 【答案】ABC

【解析】按光在光纤中的传输模式可分为：多模光纤和单模光纤。

（1）多模光纤：中心玻璃芯较粗（50 或 $62.5\mu m$），可传多种模式的光。多模光纤耦合光能量大，发散角度大，对光源的要求低，能用光谱较宽的发光二极管（LED）作光源，有较高的性能价格比。缺点是传输频带较单模光纤窄，多模光纤传输的距离比较近，一般只有几千米。

（2）单模光纤：由于芯线特别细（约为 $10\mu m$），只能传一种模式的光，故称为单模光纤。单模光纤的优点是其模间色散很小，传输频带宽，适用于远程通讯，每千米带宽可达 10GHz。缺点是芯线细，耦合光能量较小，光纤与光源以及光纤与光纤之间的接口比多模光纤难；单模光纤只能与激光二极管（LD）光源配合使用，而不能与发散角度较大、光谱较宽的发光二极管（LED）配合使用，所以单模光纤的传输设备较贵。

40. 【答案】ABC

【解析】母线是各级电压配电装置中的中间环节，它的作用是汇集、分配和传输电能。主要用于电厂发电机出线至主变压器、厂用变压器以及配电箱之间的电气主回路的连接。

第三节　安装工程常用施工机械及检测仪表的类型及应用

> 考点 1　切割与焊接【必会】

一、单项选择题

1. 【答案】B

【解析】激光切割是利用激光束把材料穿透，并使激光束移动而实现的无接触切割方法。其切割特点有：切割质量好，切割效率高，可切割多种材料（金属与非金属），但切割大厚板时有困难。随着大功率激光源的改进，将会使其成为今后切割技术的发展趋势。

2. 【答案】B

【解析】钨极惰性气体保护焊由于采用非熔化钨极和惰性气体保护，使这种焊接方法具有下列优点：

（1）钨极不熔化，只起导电和产生电弧作用，比较容易维持电弧的长度，焊接过程稳定，易实现机械化；保护效果好，焊缝质量高。

（2）几乎可以适用于所有金属的连接，尤其适用于焊接化学活泼性强的铝、镁、钛和锆等有色金属和不锈钢、耐热钢等各种合金；对于某些黑色和有色金属的厚壁重要构件（如压力容器及管道），为了保证高的焊接质量，也采用钨极惰性气体保护焊。

钨极惰性气体保护焊的缺点有：

（1）熔深浅，熔敷速度小，生产率较低。

（2）只适用于薄板（6mm 以下）及超薄板材料焊接。

（3）气体保护幕易受周围气流的干扰，不适宜野外作业。

（4）惰性气体（氩气、氦气）较贵，生产成本较高。

【名师点拨】 非熔化极电弧焊包括钨极惰性气体保护焊和等离子弧焊。但等离子弧焊焊接速度高。

3. **【答案】** D

【解析】 埋弧焊的主要优点有：

（1）热效率较高，熔深大，工件的坡口较小，减少了填充金属量。

（2）焊接速度高，当焊接厚度为 $8 \sim 10\text{mm}$ 的钢板时，单丝埋弧焊速度可达 $50 \sim 80\text{cm/min}$。

（3）焊接质量好，焊剂的存在不仅能隔开熔化金属与空气的接触，而且使熔池金属较慢地凝固，减少了焊缝中产生气孔、裂纹等缺陷的可能性。

（4）在有风的环境中焊接时，埋弧焊的保护效果胜过其它焊接方法。

埋弧焊的缺点有：

（1）由于采用颗粒状焊剂，这种焊接方法一般只适用于水平位置焊缝焊接。

（2）难以用来焊接铝、钛等氧化性强的金属及其合金。

（3）由于不能直接观察电弧与坡口的相对位置，容易焊偏。

（4）只适用于长焊缝的焊接。

（5）不适合焊接厚度小于 1mm 的薄板。

由于埋弧焊熔深大，生产效率高，机械化操作的程度高，因而适于焊接中厚板结构的长焊缝和大直径圆筒的环焊缝，尤其适用于大批量生产。

4. **【答案】** C

【解析】 熔焊接头的坡口根据其形状的不同，可分为基本型、混合型和特殊型三类。

（1）基本型坡口是一种形状简单、加工容易、应用普遍的坡口。按照我国标准规定，主要有以下几种：I 形坡口；V 形坡口；单边 V 形坡口；U 形坡口；J 形坡口等。

（2）组合形坡口由两种和两种以上的基本形坡口组合而成。按照我国标准规定，主要有以下几种：Y 形坡口；VY 形坡口；带钝边 U 形坡口；双 Y 形坡口；双 V 形坡口；2/3 双 V 形坡口；带钝边双 U 形坡口；UY 形坡口；带钝边 J 形坡口；带钝边双 J 形坡口；双单边 V 形坡口；带钝边单边 V 形坡口；带钝边双单边 V 形坡口；带钝边 J 型单边 V 形坡口等。

（3）特殊型坡口是不属于上述基本型又不同于上述组合型的形状特殊的坡口。按照我国标准规定，主要有：卷边坡口；带垫板坡口；锁边坡口；塞、槽焊坡口等。

5. **【答案】** C

【解析】 淬火是将钢奥氏体化后以适当的冷却速度冷却，使工件在横截面内全部或一定范围内发生马氏体不稳定组织结构转变的热处理工艺。其目的是为了提高钢件的硬度、强度和耐磨性，多用于各种工模具、轴承、零件等。

6. **【答案】** A

【解析】 高温回火是将钢件加热到 $500 \sim 700℃$ 回火，即调质处理，因此可获得较高的力学性能，如高强度、弹性极限和较高的韧性。主要用于重要结构零件。钢经调质处理后不仅强度较高，而且塑性韧性更显著超过正火处理的情况。

7. **【答案】** A

【解析】 正火是将钢件加热到临界点 A_{c3} 或 A_{cm} 以上适当温度，保持一定时间后在空气中冷却，得到珠光体基体组织的热处理工艺。其目的是消除应力、细化组织、改善切削加工性能及淬火前的预热处理，也是某些结构件的最终热处理。

8. 【答案】C

【解析】焊后热处理一般选用单一高温回火或正火加高温回火处理。对于气焊焊口采用正火加高温回火处理。这是因为气焊的焊缝及热影响区的晶粒粗大，需细化晶粒，故采用正火处理。然而单一的正火不能消除残余应力，故需再加高温回火，以消除应力。

9. 【答案】C

【解析】涡流检测的主要优点是检测速度快，探头与试件可不直接接触，无需耦合剂。主要缺点是只适用于导体，对形状复杂试件难作检查，只能检查薄试件或厚试件的表面、近表面缺陷。

二、多项选择题

10. 【答案】CD

【解析】氧-丙烷火焰切割与氧-乙炔火焰切割相比具有的优点：①丙烷的点火温度为580℃，大大高于乙炔的点火温度（305℃），安全性大大高于氧-乙炔火焰切割。②制取容易，成本低廉，易于液化和灌装，对环境污染小。③氧-丙烷火焰温度适中，切割面的粗糙度优于氧-乙炔火焰切割。氧-丙烷火焰切割的缺点：火焰温度比较低，切割预热时间略长，氧气的消耗量亦高于氧-乙炔火焰切割，但总的切割成本远低于氧-乙炔火焰切割。

11. 【答案】AD

【解析】超声波探伤与X射线探伤相比，具有较高的探伤灵敏度、周期短、成本低、灵活方便、效率高，对人体无害等优点；缺点是对工作表面要求平滑、要求富有经验的检验人员才能辨别缺陷种类、对缺陷没有直观性；超声波探伤适合于厚度较大的零件检验。

12. 【答案】ABCE

【解析】液体渗透检验的优点是不受被检试件几何形状、尺寸大小、化学成分和内部组织结构的限制，也不受缺陷方位的限制，一次操作可同时检验开口于表面中所有缺陷；不需要特别吊装和复杂的电子设备和器械；检验的速度快，操作比较简便，大量的零件可以同时进行批量检验，因此，大批量的零件可实现100％的检验；缺陷显示直观，检验灵敏度高。最主要的限制是只能检出试件开口于表面的缺陷，不能显示缺陷的深度及缺陷内部的形状和大小。

13. 【答案】CDE

【解析】正火较退火的冷却速度快，过冷度较大，其得到的组织结构不同于退火，性能也不同，如经正火处理的工件其强度、硬度、韧性比退火高，而且生产周期短，能量耗费少，故在可能情况下，应优先考虑正火处理。

 考点 2　吊装工程【重要】

一、单项选择题

14. 【答案】C

【解析】吊装载荷，即吊装时吊车在无任何因素影响下所应吊起的重量。这当然不仅仅是吊物重量，还应加吊索和其他被吊的附件重量。选项B、D均考虑了外部因素的影响取了安全系数，显然不符合吊装载荷的含义。

15. 【答案】D

【解析】选项D升降时不得随时调整保险垫块的高度，这显然不符合安全操作的要求。

16. 【答案】A

【解析】反映流动式起重机的起重能力随臂长、幅度的变化而变化的规律和反映流动式起重机的最大起升高度随臂长、幅度变化而变化的规律的曲线称为起重机的特性曲线，它是选用流动式起重机的依据。

17. 【答案】B

【解析】塔式起重机特点：吊装速度快，台班费低。但起重量一般不大，并需要安装和拆卸。适用于在某一范围内数量多，而每一单件设备重量较小的设备、构件吊装，作业周期长。

二、多项选择题

18. 【答案】BCDE

【解析】履带起重机是在行走的履带底盘上装有起重装置的起重机械，是自行式、全回转的一种起重机械。一般大吨位起重机较多采用履带起重机。其对基础的要求也相对较低，在一般平整坚实的场地上可以载荷行驶作业。但其行走速度较慢，履带会破坏公路路面。转移场地需要用平板拖车运输。较大的履带起重机，转移场地时需拆卸、运输、组装。适用于没有道路的工地、野外等场所。除作起重作业外，在臂架上还可装打桩、抓斗、拉铲等工作装置，一机多用。

19. 【答案】ACE

【解析】塔式起重机应用于周期较长的吊装工程，选项B错误。缆索系统适用于重量不大、跨度、高度较大的场合吊装作业，选项D错误。

考点 3　防腐蚀、除锈和绝热工程【必会】

一、单项选择题

20. 【答案】B

【解析】Sa2—彻底的喷射或抛射除锈。钢材表面无可见的油脂和污垢，且氧化皮、铁锈和油漆涂层等附着物已基本清除，其残留物应是牢固附着的。

21. 【答案】A

【解析】电泳涂装法的主要特点有：

（1）采用水溶性涂料，节省了大量有机溶剂，大大降低了大气污染和环境危害，安全卫生，同时避免了火灾的隐患。

（2）涂装效率高，涂料损失小，涂料的利用率可达 90%～95%。

（3）涂膜厚度均匀，附着力强，涂装质量好，工件各个部位如内层、凹陷、焊缝等处都能获得均匀、平滑的漆膜，解决了其他涂装方法对复杂形状工件的涂装难题。

（4）生产效率高，施工可实现自动化连续生产，大大提高劳动效率。

（5）设备复杂，投资费用高，耗电量大，施工条件严格，并需进行废水处理。

22. 【答案】B

【解析】由内到外，保冷结构由防腐层、保冷层、防潮层、保护层组成。

23. 【答案】B

【解析】阻燃性沥青玛琋脂贴玻璃布作防潮隔气层时，它是在绝热层外面涂抹一层 2～3mm 厚的阻燃性沥青玛琋脂，接着缠绕一层玻璃布或涂塑窗纱布，然后再涂抹一层 2～3mm 厚阻燃性沥青玛琋脂形成。此法适用于硬质预制块做的绝热层或涂抹的绝热层上面使用。

二、多项选择题

24. 【答案】ABD

    【解析】搪铅与设备器壁之间结合均匀且牢固，没有间隙，传热性好，适用于负压、回转运动和振动下工作。

    【名师点拨】铅衬里的设置属于考试的必会内容，重点分辨出搪铅和衬铅的区别。衬铅铅板直接固定到设备内表面，和设备表面有一定间隙，传热性不好。

25. 【答案】BCD

    【解析】对于保冷的管道，其外表面必须设置防潮层，以防止大气中水蒸汽凝结于保冷层外表面上，并渗入保冷层内部而产生凝结水或结冰现象。与保冷结构不同的是，保温结构通常只有在潮湿环境或埋地状况下才需增设防潮层。

考点 4　辅助项目工程【重要】

一、单项选择题

26. 【答案】C

    【解析】$DN<600mm$ 的液体管道，宜采用水冲洗。常温液体管道一般进行水压试验。管道的压力试验一般以液体为试验介质。当管道的设计压力小于或等于 0.6MPa 时（或现场条件不允许进行液压试验时）采用气压为试验介质。

27. 【答案】C

    【解析】对有严重锈蚀和污染的管道，当使用一般清洗方法未能达到要求时，可采取将管道分段进行高压水冲洗。

28. 【答案】D

    【解析】承受内压的地上钢管道及有色金属管道的试验压力应为设计压力的 1.5 倍，埋地钢管道的试验压力应为设计压力的 1.5 倍，并不得低于 0.4MPa。

29. 【答案】C

    【解析】承受内压的地上钢管道及有色金属管道的试验压力应为设计压力的 1.5 倍，埋地钢管道的试验压力应为设计压力的 1.5 倍，并不得低于 0.4MPa。

二、多项选择题

30. 【答案】BC

    【解析】工艺管道除了强度试验和严密性试验以外，有些管道还要做一些特殊试验，如输送极度和高度危害介质以及可燃介质的管道，必须进行泄漏性试验。

31. 【答案】BCE

    【解析】泄漏性试验是以气体为试验介质，在设计压力下，采用发泡剂、显色剂、气体分子感测仪或其他手段检查管道系统中泄漏点的试验，选项 A 错误。

    输送极度和高度危害介质以及可燃介质的管道，必须在压力试验合格后进行泄漏性试验。泄漏性试验应逐级缓慢升压，当达到试验压力，并停压 10min 后，采用涂刷中性发泡剂的方法巡回检查，泄漏试验检查重点是阀门填料函、法兰或者螺纹连接处、放空阀、排气阀、排水阀等所有密封点有无泄漏，选项 B、C、E 正确。

    真空度试验按设计文件要求，对管道系统抽真空，达到设计规定的真空度后，关闭系统，24h 后系统增压率不应大于 5%，选项 D 错误。

考点 5 机械设备工程【必会】

一、单项选择题

32.【答案】 B

【解析】 固定地脚螺栓又称短地脚螺栓，它与基础浇灌在一起，底部做成开叉形、环形、钩形等形状，以防止地脚螺栓旋转和拔出，适用于没有强烈振动和冲击的设备。

33.【答案】 D

【解析】 承受主要负荷且在设备运行时产生较强连续振动时，垫铁组不能采用斜垫铁，只能采用平垫铁，选项 A 错误。垫铁组伸入设备底座底面的长度应超过设备地脚螺栓的中心，选项 B 错误。每个地脚螺栓旁边至少应放置一组垫铁，相邻两组垫铁距离一般应保持 500~1 000mm。每组垫铁内，斜垫铁放在最上面，单块斜垫铁下面应有平垫铁。每组垫铁总数一般不得超过 5 块。厚垫铁放在下面，薄垫铁放在上面，最薄的安放在中间，且不宜小于 2mm，选项 C 错误。

34.【答案】 D

【解析】 带式输送机结构简单，安装、运行、维护方便，节省能量，操作安全可靠，使用寿命长，在规定距离内每吨物料运费较其他设备低。

35.【答案】 A

【解析】 由于屏蔽泵可以保证绝对不泄漏，因此特别适用于输送腐蚀性、易燃易爆、剧毒、有放射性及极为贵重的液体；也适用于输送高压、高温、低温及高熔点的液体。所以广泛应用于化工、石油化工、国防工业等行业。

36.【答案】 D

【解析】 轴流泵是叶片式泵的一种，它输送的液体沿泵轴方向流动。主要用于农业大面积灌溉排涝、城市排水、输送需要冷却水量很大的热电站循环水以及船坞升降水位。轴流泵适用于低扬程大流量送水。卧式轴流泵的 1 000m^3/h，扬程在 8mH$_2$O 以下。泵体是水平中开式，进口管呈喇叭形，出口管通常为 60°或 90°的弯管。

37.【答案】 C

【解析】 活塞式压缩机气流速度低、损失小、效率高；压力范围广，从低压到超高压范围均适用；适用性强，排气压力在较大范围内变动时，排气量不变。同一台压缩机还可用于压缩不同的气体；外形尺寸及重量较大，结构复杂，易损件多，排气脉动性大，气体中常混有润滑油。

二、多项选择题

38.【答案】 BD

【解析】 对形状复杂、污垢粘附严重的装配件，宜采用溶剂油、蒸汽、热空气、金属清洗剂和三氯乙烯等清洗液进行喷洗；对精密零件、滚动轴承等不得用喷洗法。

39.【答案】 ABD

【解析】 对于提升倾角大于 20°的散装固体物料，大多数标准输送机受到限制。通常采用提升输送机，包括斗式提升机、斗式输送机和吊斗提升机等几种类型。

40.【答案】 ACDE

【解析】 埋刮板输送机的主要优点是全封闭式的机壳，被输送的物料在机壳内移动，不污染环境，能防止灰尘逸出，或者采用惰性气体保护被输送物料。埋刮板输送机可以输送粉状的、小块状的、片状和粒状的物料，还能输送需要吹洗的有毒或有爆炸性的物料及除尘器收集的滤灰等。

41. **【答案】**ABC

【解析】泵的分类见下图。

42. **【答案】**AC

【解析】轴流式通风机具有流量大、风压低、体积小的特点，轴流通风机的动叶或导叶常做成可调节的，即安装角可调，使用范围和经济性能均比离心式通风机好。

43. **【答案】**BDE

【解析】活塞式与透平式压缩机性能比较见下表。

活塞式	透平式
(1) 气流速度低、损失小、效率高	(1) 气流速度高，损失大
(2) 压力范围广，从低压到超高压范围均适用	(2) 小流量，超高压范围不适用
(3) 适用性强，排气压力在较大范围内变动时，排气量不变。同一台压缩机还可用于压缩不同的气体	(3) 流量和出口压力变化由性能曲线决定，若出口压力过高，机组则进入喘振工况而无法运行
(4) 除超高压压缩机，机组零部件多用普通金属材料	(4) 旋转零部件常用高强度合金钢
(5) 外形尺寸及重量较大，结构复杂，易损件多，排气脉动性大，气体中常混有润滑油	(5) 外形尺寸及重量较小，结构简单，易损件少，排气均匀无脉动，气体中不含油

44. **【答案】**ABDE

【解析】风机运转时，应符合以下要求：①风机运转时，以电动机带动的风机均应经一次启动立即停止运转的试验，并检查转子与机壳等确无摩擦和不正常声响后，方得继续运转（汽轮机、燃气轮机带动风机的起动应按设备技术文件的规定执行）；②风机启动后，不得在临界转速附近停留（临界转速由设计规定）；③风机启动时，润滑油的温度一般不应低于25℃，运转中轴承的进油温度一般不应高于40℃；④风机停止转动后，应待轴承回油温度降到小于45℃后，再停止油泵工作；⑤风机的润滑油冷却系统中的冷却水压力必须低于油压。

考点 **6**　热力设备工程【重要】

一、单项选择题

45.【答案】C

【解析】对于热水锅炉用额定热功率来表明其容量的大小，单位是 MW。

46.【答案】C

【解析】锅炉按其出口工质压力可分为：

（1）低压锅炉——压力小于 1.275MPa。

（2）中压锅炉——压力小于 3.825MPa。

（3）高压锅炉——压力为 9.81MPa。

（4）超高压锅炉——压力为 13.73MPa。

（5）亚临界压力锅炉——压力为 16.67MPa。

（6）超临界压力锅炉——压力大于 22.13MPa。

47.【答案】A

【解析】锅炉受热面发热率是反映锅炉工作强度的指标，其数值越大，表示传热效果越好。

48.【答案】A

【解析】DZW1.4-0.7/95/70-AⅡ型的锅炉，表示为：单锅筒纵置式，往复推动炉排炉，额定热功率为 1.4MW，允许工作压力为 0.7MPa，出水温度为 95℃，进水温度为 70℃，燃用Ⅱ类烟煤的热水锅炉。

49.【答案】C

【解析】旋风水膜除尘器适合处理烟气量大和含尘浓度高的场合，它可以单独采用，也可以安装在文丘里洗涤器后作为脱水器。

二、多项选择题

50.【答案】AC

【解析】蒸汽锅炉安全阀的安装和试验，应符合下列要求：

（1）安装前安全阀应逐个进行严密性试验。

（2）蒸发量大于 0.5t/h 的锅炉，至少应装设两个安全阀（不包括省煤器上的安全阀）。对装有过热器的锅炉，按较低压力进行整定的安全阀必须是过热器上的安全阀，过热器上的安全阀应先开启。

（3）蒸汽锅炉安全阀应铅垂安装，其管路应畅通，并直通至安全地点，排汽管底部应装有疏水管。省煤器的安全阀应装排水管。在排水管、排气管和疏水管上，不得装设阀门。

（4）省煤器安全阀整定压力调整，应在蒸汽严密性试验前用水压的方法进行。

（5）蒸汽锅炉安全阀经调整检验合格后，应加锁或铅封。

考点 **7**　静置设备工程【重要】

一、单项选择题

51.【答案】C

【解析】静置设备分类方法较多，其中按设备的设计压力（P）分类如下：

（1）常压设备：$P < 0.1$MPa。

（2）低压设备：0.1MPa$\leq P < 1.6$MPa。

（3）中压设备：1.6MPa$\leq P < 10$MPa。

（4）高压设备：$10MPa \leqslant P < 100MPa$。

（5）超高压设备：$P \geqslant 100MPa$。

52.【答案】A

【解析】塔器的基本功能是能够提供气、液两相充分接触的机会，使传质、传热两种过程同时进行，且还可使接触后的气、液两相及时分开，互不夹带。

53.【答案】A

【解析】填料塔不仅结构简单，而且具有阻力小和便于用耐腐材料制造等优点，尤其对于直径较小的塔、处理有腐蚀性的物料或减压蒸馏系统，都表现出明显的优越性。另外，对于某些液气比较大的蒸馏或吸收操作，若采用板式塔，则降液管将占用过多的塔截面积，此时也宜采用填料塔。

54.【答案】D

【解析】内浮顶储罐具有独特优点：一是与浮顶罐比较，因为有固定顶，能有效地防止风、砂、雨雪或灰尘的侵入，绝对保证储液的质量；同时，内浮盘漂浮在液面上，使液体无蒸气空间，可减少蒸发损失85%～96%；减少空气污染，降低着火爆炸危险，由于液面上没有气体空间，还可减少罐壁、罐顶的腐蚀，延长储罐的使用寿命。

55.【答案】C

【解析】球罐与立式圆筒形储罐相比，在相同容积和相同压力下，球罐的表面积最小，故所需钢材面积少；在相同直径情况下，球罐壁内应力最小，而且均匀，其承载能力比圆筒形容器大1倍，故球罐的板厚只需相应圆筒形容器壁板厚度的一半。故采用球罐，可大幅度节省钢材30%～45%；此外，球罐占地面积较小，基础工程量小，可节省土地面积。

二、多项选择题

56.【答案】AD

【解析】按设备在生产工艺过程中的作用原理分类。

（1）反应压力容器（代号R）：反应器、反应釜、分解锅、聚合釜、合成塔、变换炉、煤气发生炉。

（2）换热压力容器（代号E）：热交换器、冷却器、冷凝器、蒸发器。

（3）分离压力容器（代号S）：分离器、过滤器、集油器、洗涤器、吸收塔、铜洗塔、干燥塔、气提塔、分气缸、除氧器。

（4）储存压力容器（代号C，其中球罐代号B）：储罐。

考点 8　检测仪表【必会】

一、单项选择题

57.【答案】A

【解析】热电阻是中、低温区最常用的一种温度检测器。它的主要特点是测量精度高，性能稳定。其中铂热电阻的测量精确度是最高的，它不仅广泛应用于工业测温，而且被制成标准的基准仪。

58.【答案】D

【解析】椭圆齿轮流量计又称排量流量计，是容积式流量计的一种，在流量仪表中是精度较高的一类。它利用机械测量元件把流体连续不断地分割成单个已知的体积部分，根据计量室逐次、重复地充满和排放该体积部分流体的次数来测量流量体积总量，也可将流量信号转换成标准的电信号传送至二次仪表。用于精密的连续或间断的测量管道中液体的流量或瞬时流量，它特别适合于重油、聚乙烯醇、树脂等黏度较高介质的流量测量。

59.【答案】B

【解析】电磁流量计是一种测量导电性流体流量的仪表。它是一种无阻流元件，阻力损失极小，流场影响小，精确度高，直管段要求低，而且可以测量含有固体颗粒或纤维的液体、腐蚀性及非腐蚀性液体，这些都是电磁流量计比其他流量仪表优越的地方。

【名师点拨】无阻流元件指仪表内容没有阻挡流体运动的部件，电磁流量计借助于电磁力检测流量，无阻力。

60.【答案】B

【解析】隔膜式压力表专门供石油、化工、食品等生产过程中测量具有腐蚀性、高黏度、易结晶、含有固体状颗粒、温度较高的液体介质的压力。

61.【答案】B

【解析】双金属温度计探杆长度可以根据客户需要来定制，该温度计从设计原理及结构上具有防水、防腐蚀、隔爆、耐振动、直观、易读数、无汞害、坚固耐用等特点。

二、多项选择题

62.【答案】AD

【解析】玻璃管转子流量计的特点有：①结构简单、维修方便；②精度低；③不适用于有毒性介质及不透明介质；④属于面积式流量计。

第四节　安装工程施工组织设计的编制原理、内容及方法

考点 1　施工组织设计的概念、作用与分类

一、单项选择题

1.【答案】C

【解析】按编制对象不同，施工组织设计包括三个层次，即：施工组织总设计、单位工程施工组织设计和施工方案。

2.【答案】C

【解析】超过一定规模的危险性较大的分部分项工程专项施工方案由施工单位组织召开专家论证会。实行施工总承包的，由施工总承包单位组织召开专家论证会。

3.【答案】D

【解析】施工组织总设计由施工总承包单位组织编制，当工程未实行施工总承包时，施工组织总设计应由建设单位负责组织各施工单位编制。应由总承包单位技术负责人审批后，向监理报批。

二、多项选择题

4.【答案】ABDE

【解析】项目施工过程中，如发生以下情况之一时，施工组织设计应及时进行修改或补充：

（1）工程设计有重大修改。

（2）有关法律、法规、规范和标准实施、修订和废止。

（3）主要施工方法有重大调整。

（4）主要施工资源配置有重大调整。

（5）施工环境有重大改变。

5.【答案】DE

【解析】根据编制阶段的不同，施工组织设计可划分为两类，一类是投标前编制的施工组织设计，另一类是中标后编制的施工组织设计。

考点 2　网络计划技术

单项选择题

6.【答案】A

【解析】工作 M 有两项紧前工作，它们的最早完成时间分别为第 10 天和第 14 天，所以工作 M 的最早开始时间为 14。最迟完成为 25，持续时间为 6，所以最迟开始时间为第 19 天。所以工作 M 总时差为 19−14＝5（天）。

7.【答案】C

【解析】从左到右：计算 ES、EF，累加取大。从右到左：计算 LF、LS，逆减取小。由题意可知 $LS_B=7$、$LS_C=8$、$LS_D=5$、$LS_E=7$，所以工作 A 的最迟完成时间为 5。

8.【答案】D

【解析】采用若干参数，如施工层（段）、流水节拍、流水步距，来说明流水施工在时间和空间上的展开情况，这些参数称为流水参数。流水步距指相临两个施工班组相继投入同一施工段开始工作的时间间隔。

第五节　安装工程相关规范的基本内容

考点　安装工程相关规范的基本内容【必会】

一、单项选择题

1.【答案】D

【解析】第四级编码表示各分部工程的分项工程，即表示清单项目。

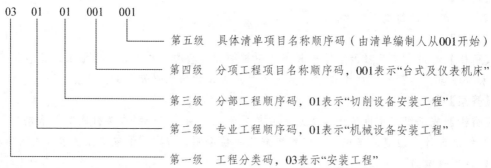

2.【答案】C

【解析】《通用安装工程工程量计算规范》中各专业工程基本安装高度分别为：附录 A 机械设备安装工程 10m，附录 D 电气设备安装工程 5m，附录 E 建筑智能化工程 5m，附录 G 通风空调工程 6m，附录 J 消防工程 5m，附录 K 给排水、采暖、燃气工程 3.6m，附录 M 刷油、防腐蚀、绝热工程 6m。

3.【答案】C

【解析】《通用安装工程工程量计算规范》中各专业工程基本安装高度分别为：附录 A 机械设备安装工程 10m，附录 D 电气设备安装工程 5m，附录 E 建筑智能化工程 5m，附录

G 通风空调工程 6m，附录 J 消防工程 5m，附录 K 给排水、采暖、燃气工程 3.6m，附录 M 刷油、防腐蚀、绝热工程 6m。

【名师点拨】巧记口诀：机一零，给三六，电智消（5），通六刷。

4. **【答案】**B

【解析】第三级表示分部工程顺序码，由两位数表示（分二位），选项 A 错误。当同一标段（或合同段）的一份工程量清单中含有多个单位工程，在编制工程量清单时应特别注意对项目编码十至十二位的设置不得有重码，选项 B 正确，选项 C 错误。补充项目的编码由计量规范的代码与 B 和三位阿拉伯数字组成，选项缺少计量规范的代码，故选项 D 错误。

5. **【答案】**C

【解析】《通用安装工程工程量计算规范》（GB 50856—2013）规定：

附录 A：机械设备安装工程。

附录 B：热力设备安装工程。

附录 C：静置设备与工艺金属结构制作安装工程。

附录 D：电气设备安装工程。

【名师点拨】巧记口诀：机热静，电能表，通工消，给信刷。

二、多项选择题

6. **【答案】**BDE

【解析】工程量清单项目编码如下。

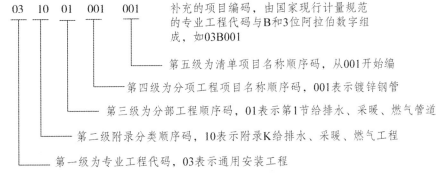

在编制工程量清单时，在同一份工程量清单中所列的分部分项工程清单项目的编码不得设置重码。

7. **【答案】**ACDE

【解析】《通用安装工程工程量计算规范》中各专业工程基本安装高度分别为：附录 A 机械设备安装工程 10m，附录 D 电气设备安装工程 5m，附录 E 建筑智能化工程 5m，附录 G 通风空调工程 6m，附录 J 消防工程 5m，附录 K 给排水、采暖、燃气工程 3.6m，附录 M 刷油、防腐蚀、绝热工程 6m。

8. **【答案】**ABE

【解析】分部分项工程量清单五部分内容分别为：项目编码、项目名称、项目特征、计量单位、工程量。

9. **【答案】**BCD

【解析】选项 A、E 属于通用措施项目。

10. **【答案】**ACE

【解析】选项 B、D 属于专业措施项目。

11.【答案】ABE

【解析】以立方米为计量单位时，其计算结果应保留两位小数，选项 C 错误。以千克为计量单位时，其计算结果应保留两位小数，选项 D 错误。

12.【答案】ADE

【解析】给水管道室内外界限划分：以建筑物外墙皮 1.5m 为界，入口处设阀门者以阀门为界。排水管道室内外界限划分：以出户第一个排水检查井为界。采暖管道室内外界限划分：以建筑物外墙皮 1.5m 为界，入口处设阀门者以阀门为界。燃气管道室内外界限划分：地下引入室内的管道以室内第一个阀门为界，地上引入室内的管道以墙外三通为界。

13.【答案】ABC

【解析】安装工业管道与市政工程管网工程的界定：给水管道以厂区入口水表井为界；排水管道以厂区围墙外第一个污水井为界；热力和燃气以厂区入口第一个计量表（阀门）为界。

安装给排水、采暖、燃气工程与市政工程管网工程的界定：室外给排水、采暖、燃气管道以市政管道碰头井为界；厂区、住宅小区的庭院喷灌及喷泉水设备安装按《安装计量规范》相应项目执行；公共庭院喷灌及喷泉水设备安装按《市政工程工程量计算规范》（GB 50857—2013）管网工程的相应项目执行。

14.【答案】ABC

【解析】安装工程中的电气设备安装工程与市政工程中的路灯工程界定：厂区、住宅小区的道路路灯安装工程、庭院艺术喷泉等电气设备安装工程按通用安装工程"电气设备安装工程"相应项目执行；涉及市政道路、市政庭院等电气安装工程的项目，按市政工程中"路灯工程"的相应项目执行。

15.【答案】AB

【解析】环境保护费是指施工现场为达到环保等部门要求所需的各项措施费用，包括：

（1）对施工现场裸露的场地和堆放的土石方采取覆盖、固化、绿化或洒水，以及对施工现场易产生粉尘的土石方开挖等采取喷雾等防治扬尘污染措施的费用。

（2）为避免施工车辆车轮带泥行驶，在施工现场出入口设置清洗沟或清洗设备等发生的人工、材料与设施摊销费用；运输土石方、渣土、砂石、灰浆和施工垃圾等采取密闭式运输车或采取覆盖措施所增加的周转、摊销费用。

（3）在施工现场设置密闭式垃圾站、办公区和生活区设置封闭式垃圾容器，实现施工垃圾与生活垃圾分类存放而购置容器的周转、摊销费用。

（4）贮存水泥、石灰、石膏、砂土等易产生扬尘的物料采取密闭措施；不能密闭的，设置不低于堆放物高度的严密围挡，并采取有效覆盖措施防治扬尘污染发生的费用。

（5）为保证施工现场排水通畅，在办公区、生活区以及作业区（包括明挖基坑的四周）设置排水沟等发生的措施费用。

（6）施工现场施工机械设备降噪声、防扰民措施费用。

（7）工程完工后，就以上措施发生的拆除、清运与恢复费用。

（8）施工现场实际发生的其他环保措施费用。

第二章　安装工程主要施工的基本程序、工艺流程及施工方法

第一节　建筑管道工程

考点 建筑管道工程【必会】

一、单项选择题

1.【答案】A

【解析】高位水箱并联供水适用于允许分区设置水箱的各类高层建筑。优点：各区独立运行互不干扰，供水可靠，水泵集中管理，维护方便，运行费用经济。缺点：管线长，水泵较多，设备投资较高，水箱占用建筑上层使用面积。

2.【答案】C

【解析】管道工程中使用的非金属材料主要是塑料，另外还有玻璃钢、陶瓷等。玻璃钢管材及管件已开始在建筑管道工程中应用。

3.【答案】A

【解析】给水管网有树状网和环状网两种形式。树状管网是从水厂泵站或水塔到用户的管线布置成树枝状，只是一个方向供水。供水可靠性较差，投资省。环状网中的干管前后贯通，连接成环状，供水可靠性好，适用于供水不允许中断的地区。

4.【答案】D

【解析】硬聚氯乙烯给水管（UPVC）：适用于给水温度不大于45℃、给水系统工作压力不大于0.6MPa的生活给水系统。UPVC给水管宜采用承插式粘接、承插式弹性橡胶密封圈柔性连接和过渡性连接。

【名师点拨】聚丙烯管路给水温度一般不大于70℃；聚乙烯管路不做为热水管使用，水温不超过40℃；工程塑料管管路使用温度不超过60℃。

5.【答案】B

【解析】室内给水管道安装顺序：施工准备→预制加工→主立管安装→水平管安装→立管安装→支管安装→配水点安装→压力试验→消毒冲洗→防腐绝热→系统调试。

6.【答案】C

【解析】系统有水箱时，水泵将水送至高位水箱，再由水箱送至管网，水泵的扬程应满足水箱进水所需水压和消火栓所需水压。

7.【答案】B

【解析】给水管与其他管道共架或同沟敷设时，给水管应敷设在排水管、冷冻水管上面或热水管、蒸汽管下面。

8.【答案】B

【解析】应在有水量计量要求的建筑物装设水表。直接由市政管网供水的独立消防给水系统的引入管，可以不装设水表。住宅建筑应在配水管上和分户管上设置水表，安装螺翼式水表，表前与阀门应有8~10倍水表直径的直线管段，其他（旋翼式、容积活塞式等）水表的前后应有不小于300mm的直线管段。

9.【答案】C

【解析】在采暖系统中，膨胀水箱的作用是容纳系统中水因温度变化而引起的膨胀水量，

恒定系统的压力和补水，在重力循环上供下回系统和机械循环下供上回系统中它还起着排气作用。

二、多项选择题

10. 【答案】ABC

    【解析】近年来，在大型的高层建筑中，将球墨铸铁管设计为总立管，应用于室内给水系统。球墨铸铁管较普通铸铁管壁薄、强度高。球墨铸铁管采用橡胶圈机械式接口或承插接口，也可以采用螺纹法兰连接的方式。给水铸铁管具有耐腐蚀、寿命长的优点，但是管壁厚、质脆、强度较钢管差，多用于 $DN \geqslant 75mm$ 的给水管道中，尤其适用于埋地铺设。给水铸铁管采用承插连接，在交通要道等振动较大的地段采用青铅接口。

11. 【答案】AC

    【解析】铸铁散热器的特点：结构简单，防腐性好，使用寿命长、热稳定性好和价格便宜等优点；其金属耗量大、传热系数低于钢制散热器、承压能力低，普通铸铁散热器的承压能力一般为 $0.4 \sim 0.5MPa$；在使用过程中内腔掉砂易造成热量表、温控阀堵塞，外形欠美观。

12. 【答案】BCE

    【解析】室外燃气高压、中压管道通常采用钢管，中压和低压采用钢管或铸铁管，适用于燃气管道的塑料管主要是聚乙烯（PE）管。低压管道当管径 $DN \leqslant 50mm$ 时，一般选用镀锌钢管，连接方式为螺纹连接；当管径 $DN > 50mm$ 时，选用无缝钢管，材质为 $20^{\#}$ 钢。室内中压管道选用无缝钢管，连接方式为焊接或法兰连接。

13. 【答案】CD

    【解析】中压管道：选用无缝钢管，连接方式为焊接或法兰连接。

第二节　通风空调工程

考点　通风空调工程【必会】

一、单项选择题

1. 【答案】B

   【解析】通风（空调）工程中使用最广泛的是铝合金风口，表面经氧化处理，具有良好的防腐、防水性能。

2. 【答案】B

   【解析】贯流式通风机的全压系数较大，效率较低，其进、出口均是矩形的，易于建筑配合，目前大量应用于空调挂机、空调扇、风幕机等设备产品中。

3. 【答案】D

   【解析】蝶式调节阀、菱形单叶调节阀和插板阀主要用于小断面风管；平行式多叶调节阀、对开式多叶调节阀和菱形多叶调节阀主要用于大断面风管；复式多叶调节阀和三通调节阀用于管网分流或合流或旁通处的各支路风量调节。

4. 【答案】B

   【解析】空调房间的负荷由集中处理的空气负担一部分，其他负荷由水作为介质在送入空调房间时，对空气进行再处理（加热或冷却等）。如带盘管的诱导系统、风机盘管机组加新风系统。

   【名师点拨】空调系统水系统包括风机盘管系统和辐射板系统。只要选择一部分风系统即可。

5. 【答案】A

【解析】试验压力应符合下列要求：低压风管应为1.5倍的工作压力；中压风管应为1.2倍的工作压力，且不低于750Pa；高压风管应为1.2倍的工作压力。

6. 【答案】D

【解析】火灾探测器的类型：

(1) 按信息采集类型分为感烟探测器、感温探测器、火焰探测器、特殊气体探测器。

(2) 按设备对现场信息采集原理分为离子型探测器、光电型探测器、线性探测器。

(3) 按设备在现场的安装方式分为点式探测器、缆式探测器、红外光束探测器。

(4) 按探测器与控制器的接线方式分总线制、多线制；总线制又分编码的和非编码的，而编码的又分电子编码和拨码开关编码，拨码开关编码的又叫拨码编码，它又分为：二进制编码和三进制编码。

二、多项选择题

7. 【答案】ABDE

【解析】全面通风可分为稀释通风、单向流通风、均匀流通风和置换通风。

8. 【答案】BC

【解析】冷凝水管道宜采用聚氯乙烯塑料管或热镀锌钢管，不宜采用焊接钢管。

【名师点拨】冷凝水管路考虑管道防护问题，一般需要进行管道防腐处理，所以一般选择镀锌管路以及塑料管路。焊接钢管属于无防腐层管道系统。

9. 【答案】ACD

【解析】圆形风管无法兰连接形式有承插连接、芯管连接及抱箍连接。选项B属于矩形风管无法兰连接的方法。选项E不属于风管无法兰连接的形式。

第三节　电气工程

考点1　电气设备安装工程【必会】

一、单项选择题

1. 【答案】D

【解析】建筑电气系统的分为强电系统和弱电系统。弱电系统包括：建筑物设备自动化系统、火灾报警与消防联动系统、建筑物安防监控系统、建筑物通信自动化系统、广播音响系统、综合布线系统。强电系统包括：室外电气、变配电室、供电干线、电气动力、电气照明、备用和不间断电源、防雷及接地。

2. 【答案】D

【解析】高压配电室的作用是接受电力，变压器室的作用是把高压电转换成低压电，低压配电室的作用是分配电力，电容器室的作用是提高功率因数，控制室的作用是预告信号。低压配电室则要求尽量靠近变压器室，因为从变压器低压端子出来到低压母线这一段导线上电流很大，如果距离较远，电能损失会非常大。露天变电所也要求将低压配电室靠近变压器。建筑物及高层建筑物变电所是民用建筑中经常采用的变电所形式，变压器一律采用干式变压器，高压开关一般采用真空断路器，也可采用六氟化硫断路器，但通风条件要好，从防火安全角度考虑，一般不采用少油断路器。

3. 【答案】A

【解析】高压负荷开关具有简单的灭弧装置，专门用在高压装置中通断负荷电流。灭弧能力不高，不能切断短路电流，必须和高压熔断器串联使用，靠熔断器切断短路电流。

4.【答案】C

【解析】氙灯是采用高压氙气放电产生很强的白光，和太阳相似，故显色性好，发光效率高，功率大，有"小太阳"美称。

5.【答案】C

【解析】负载转矩的大小是选择电动机功率的主要依据，功率选得大固然安全，但功率因数低，会增加投资和运转费用。电动机铭牌标出的额定功率是指电动机轴输出的机械功率。为了提高设备自然功率因数，应尽量使电动机满载运行，电动机的效率一般为80%以上。

6.【答案】C

【解析】封闭式熔断器采用耐高温的密封保护管，内装熔丝或熔片。当熔丝熔化时，管内气压很高，能起到灭弧的作用，还能避免相间短路。这种熔断器常用在容量较大的负载上作短路保护，大容量的能达到1kA。

7.【答案】D

【解析】管子的连接：

（1）管与管的连接采用丝扣连接，禁止采用电焊或气焊对焊连接。用丝扣连接时，要加焊跨接地线。

（2）管子与配电箱、盘、开关盒、灯头盒、插座盒等的连接应套丝扣、加锁母。

（3）管子与电动机一般用蛇皮管连接，管口距地面高为200mm。

8.【答案】D

【解析】防雷、接地装置施工程序：接地体安装→接地干线安装→引下线敷设→均压环安装→避雷带（避雷针）安装

【名师点拨】防雷工程安装施工工序一般是从下至上的顺序。接地体直接接地，与接地干线相连接。

9.【答案】A

【解析】引下线安装：为了便于测量引下线的接地电阻，引下线沿外墙明敷时，宜在离地面1.5～1.8m处加断接卡。暗敷时，断接卡可设在距地300～400mm的墙内的接地端子测试箱内。选项B错误。装有避雷针的金属筒体，当其厚度不小于4mm时，可作避雷针的引下线。选项C错误。独立避雷针及其接地装置与道路或建筑物的出入口等的距离应大于3m。当小于3m时，应采取均压措施或铺设卵石或沥青地面。选项D错误。

二、多项选择题

10.【答案】ABC

【解析】钠灯黄色光谱透雾性能好，最适于交通照明；光通量维持性能好，可以在任意位置点燃；耐震性能好；受环境温度变化影响小，适用于室外；但功率因数低。

11.【答案】BCE

【解析】当电动机容量较大时，为了降低启动电流，常采用减压启动。

（1）星-三角启动法（Y-△）。

（2）自耦减压启动控制柜（箱）减压启动。

（3）绕线转子异步电动机启动方法。

（4）软启动器。

（5）变频启动。

12. 【答案】AB

【解析】填充料式熔断器的主要特点是具有限流作用及较高的极限分断能力。用于具有较大短路电流的电力系统和成套配电的装置中。

13. 【答案】AE

【解析】电缆敷设时，在电缆终端头与电源接头附近均应留有备用长度，以便在故障时提供检修。直埋电缆尚应在全长上留少量裕度，并作波浪形敷设，以补偿运行时因热胀冷缩而引起的长度变化。选项 A 正确。

在三相四线制系统，必须采用四芯电力电缆，不应采用三芯电缆另加一根单芯电缆或以导线、电缆金属护套等作中性线的方式。在三相系统中，不得将三芯电缆中的一芯接地运行。选项 B 错误。

并联运行的电力电缆应采用相同型号、规格及长度的电缆，以防负荷分配不按比例，从而影响运行。选项 C 错误。

电缆安装工程，埋设深度一般为 0.7m（设计有规定者按设计规定深度埋设），经过农田的电缆埋设深度不应小于 1m，埋地敷设的电缆必须是铠装，并且有防腐保护层，裸钢带铠装电缆不允许埋地敷设。选项 D 错误。

埋地敷设的电缆必须是铠装，并且有防腐保护层，裸钢带铠装电缆不允许埋地敷设。选项 E 正确。

14. 【答案】ABE

【解析】高压隔离开关的主要功能是隔离高压电源，以保证其他设备和线路的安全检修。其结构特点是断开后有明显可见的断开间隙，而且断开间隙的绝缘及相间绝缘是足够可靠的。高压隔离开关没有专门的灭弧装置，不允许带负荷操作。它可用来通断一定的小电流。高压负荷开关与隔离开关一样，具有明显可见的断开间隙。

考点 2 消防工程【必会】

一、单项选择题

15. 【答案】D

【解析】水喷雾灭火系统一般适用于工业领域中的石化、交通和电力部门。在国外工业发达国家已得到普遍应用。近年来，我国许多行业逐步扩大了水喷雾系统的使用范围，如高层建筑内的柴油机发电机房、燃油锅炉房等。

16. 【答案】D

【解析】末端试水装置安装在系统管网或分区管网的末端，检验系统启动、报警及联动等功能的装置。自动喷水灭火系统末端试水装置是喷洒系统的重要组成部分。末端试水装置在喷洒系统中起到了监测和检测作用，其重要意义不可忽视，因此喷洒设计和安装人员在这环节上应该给予重视。

17. 【答案】D

【解析】液下喷射方式适用于固定拱顶贮罐，不适用于外浮顶和内浮顶储罐。不适用于水溶性甲、乙、丙液体固定顶储罐的灭火。

18. 【答案】C

【解析】符合下列规定之一，应设置消防水池：

（1）当生产、生活用水量达到最大时，市政给水管网或入户引入管不能满足室内、室外消防给水设计流量。

（2）当采用一路消防供水或只有一条入户引入管，且室外消火栓设计流量大于 20L/s 或建筑高度大于50m。

（3）市政消防给水设计流量小于建筑室内外消防给水设计流量。

19. **【答案】** A

   【解析】 管道的安装顺序为先配水干管、后配水支管，选项B错误。在管道弯头处不得采用补芯；当需要采用补芯时，三通上可用1个，四通上不应超过2个；公称直径大于50mm的管道上不宜采用活接头，选项C错误。管道横向安装宜设2‰～5‰的坡度，坡向排水管，选项D错误。

二、多项选择题

20. **【答案】** ABC

   【解析】 选项A、B、C均属于闭式喷头系统，选项D、E为开式喷头系统。

   【名师点拨】 闭式系统中喷头有玻璃液柱或易熔合金封堵，发生火灾时不会立马喷水，一般包括湿式灭火系统、干式灭火系统、干湿两用式系统、自动喷水预作用系统、重复启闭系统。

21. **【答案】** ABD

   【解析】 在一般情况下二氧化碳为化学性质不活泼的惰性气体，但在高温条件下能与锂、钠等金属发生燃烧反应，因此二氧化碳不适用于扑救活泼金属及其氢化物的火灾（如锂、钠、镁、铝、氢化钠等）、自己能供氧的化学物品火灾（如硝化纤维和火药等）、能自行分解和供氧的化学物品火灾（如过氧化氢等）。

22. **【答案】** BCDE

   【解析】 自动喷水湿式灭火系统主要缺点是不适应于寒冷地区。自动喷水干湿两用灭火系统装置在冬季寒冷的季节里使用。

   自动喷水预作用系统具有湿式系统和干式系统的特点，预作用阀后的管道系统内平时无水，呈干式，充满有压或无压的气体。火灾发生初期，火灾探测器系统动作先于喷头控制自动开启或手动开启预作用阀，使消防水进入阀后管道，系统成为湿式。自动喷水雨淋系统的管网和喷淋头的布置与干式系统基本相同，但喷淋头是开式的。

23. **【答案】** ABD

   【解析】 室内消火栓给水管道，管径不大于100mm时，宜用热镀锌钢管或热镀锌无缝钢管，管道连接宜采用螺纹连接、卡箍（沟槽式）管接头或法兰连接；管径大于100mm时，采用焊接钢管或无缝钢管，管道连接宜采用焊接或法兰连接。

24. **【答案】** ABC

   【解析】 水流指示器用于自动喷水灭火系统中将水流信号转换成电信号的一种报警装置。连接方式有螺纹式、焊接式、法兰式及鞍座式水流指示器。

考点 3 **通信与建筑智能化工程【重要】**

一、单项选择题

25. **【答案】** B

   【解析】 路由器（Router）是连接因特网中各局域网、广域网的设备。它根据信道的情况自动选择和设定路由，以最佳路径，按前后顺序发送信号的设备，广泛用于各种骨干网内部连接、骨干网间互联和骨干网与互联网互联互通业务。路由器具有判断网络地址和选择IP路径的功能，能在多网络互联环境中建立灵活的连接，可用完全不同的数据分组和介质访问方法连接各种子网。路由器只接受源站或其他路由器的信息，属于网络层的一种互联设备。

26.【答案】A

【解析】双绞线是现在最普通的传输介质。双绞线分为屏蔽双绞线和非屏蔽双绞线。非屏蔽双绞线适用于网络流量不大的场合中。屏蔽式双绞线适用于网络流量较大的高速网络协议应用。

27.【答案】A

【解析】建筑自动化系统（BAS）是一套采用计算机、网络通信和自动控制技术，对建筑物中的设备、安保和消防进行自动化监控管理的中央监控系统。

28.【答案】D

【解析】空间型入侵探测器包括声入侵探测器、次声入侵探测器、其他探测器（超声波探测器、微波入侵探测器、视频运动探测器）。

29.【答案】C

【解析】火灾报警控制器是能够为火灾探测器供电，并能接收、处理及传递探测点的火警电信号，发出声、光报警信号，同时显示及记录火灾发生的部位和时间，向联动控制器发出联动通信信号的报警控制装置。

二、多项选择题

30.【答案】ABD

【解析】电话通信系统由用户终端设备、传输系统和电话交换设备三大部分组成。

31.【答案】CDE

【解析】声光报警器在火警时可发出声、光报警信号，其工作电压由外控电源提供，由联动控制器的配套执行器件（继电器盒、远程控制器或输出控制模块）来控制。警笛、警铃在火警时可发出声报警信号（变调音），同样由联动控制器输出控制信号驱动现场的配套执行器件完成对警笛、警铃的控制。

32.【答案】ACD

【解析】智能建筑系统集成中心组成见下图。

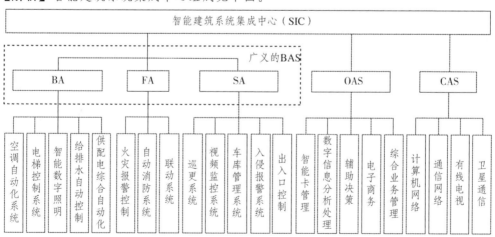

第四节　工业管道工程

考点　　工业管道工程【重要】

一、单项选择题

1.【答案】B

【解析】压缩空气管道输送低压流体常用焊接钢管、无缝钢管，或根据设计要求选用。公称通径小于50mm，可采用螺纹连接，以白漆麻丝或聚四氯乙烯生料带作填料；公称通径大于50mm，宜采用焊接方式连接。

2.【答案】A

【解析】合金钢管道的焊接，底层应采用手工氩弧焊，以确保焊口管道内壁焊肉饱满、光滑、平整，其上各层可用手工电弧焊接成型。

3.【答案】A

【解析】高压钢管外表面按下列方法探伤：

（1）公称直径大于6mm的磁性高压钢管采用磁力法。

（2）非磁性高压钢管，一般采用荧光法或着色法。奥氏体不锈钢属于非磁性高压管道。经过磁力、荧光、着色等方法探伤的公称直径大于6mm的高压钢管，还应按照《高压无缝钢管超声波探伤标准》的要求，进行内部及内表面的探伤。

二、多项选择题

4.【答案】ACE

【解析】压缩空气管道安装的内容：

（1）压缩空气管道一般选用低压流体输送用焊接钢管、低压流体输送用镀锌钢管及无缝钢管。公称通径小于50mm，可采用螺纹连接，以白漆麻丝或聚四氯乙烯生料带作填料；公称通径大于50mm，宜采用焊接方式连接。

（2）从总管或干管上引出支管时，必须从总管或干管的顶部引出。

（3）压缩空气管道安装完毕后，应进行强度和严密性试验，试验介质一般为水。

（4）强度及严密性试验合格后进行气密性试验，试验介质为压缩空气或无油压缩空气。

5.【答案】AB

【解析】钛及钛合金管焊接应采用惰性气体保护焊或真空焊，不能采用氧-乙炔焊或二氧化碳气体保护焊，也不得采用普通手工电弧焊。

6.【答案】ABD

【解析】油水分离器的作用是分离压缩空气中的油和水分，使压缩空气得到初步净化。油水分离器常用的有环形回转式、撞击折回式和离心旋转式三种结构形式。

7.【答案】AC

【解析】高压钢管外表面按下列方法探伤：

（1）公称直径大于6mm的磁性高压钢管采用磁力法。

（2）非磁性高压钢管，一般采用荧光法或着色法。

第三章　安装工程计量

第一节　安装工程识图基本原理与方法

考点　安装工程识图基本原理与方法

一、单项选择题

1.【答案】B

【解析】线路敷设方式标注及文字符号含义见下表。

序号	文字符号	说明	序号	文字符号	说明
1	CS√	穿焊接钢管敷设	8	M	用钢索敷设
2	MT	穿电线管敷设	9	DB	直埋敷设
3	PC√	穿硬塑料管敷设	10	CP	穿金属软管敷设
4	FPC√	穿阻燃半硬聚氯乙烯管敷设	11	KPC	穿聚氯乙烯塑料波纹电线管敷设
5	CT√	电缆桥架敷设	12	TC√	电缆沟敷设
6	MR	金属线槽敷设	13	CE	混凝土排管敷设
7	PR√	塑料线槽敷设	14	K	瓷绝缘子

注：√表示在建筑工程中常用。

2.【答案】C

【解析】选项 A，电力线路用 W 表示；选项 B，照明线路用 WL 表示；选项 D，硬塑料管用 C 表示。

二、多项选择题

3.【答案】AD

【解析】图纸中，标高数字应以"m"为单位，注写到小数点后第三位；在总平面图中，可注写到小数点后第二位。零点标高应注写成±0.000，低于零点的负数标高前应加注号，高于零点的正数标高前不注"＋"。除总平面图外，一般都采用相对标高，即把底层室内主要地坪高定为相对标高的零点，并在建筑工程的总说明中说明相对标高和绝对标高的关系。建筑标高和结构标高一般不能同时标注。

第二节　常用的安装工程工程量计算规则及应用

考点 1　电气设备工程计量【必会】

一、单项选择题

1.【答案】D

【解析】母线安装工程量计算：

（1）软母线、组合软母线、带形母线、槽形母线，以"m"计量，按设计图示尺寸以单相长度计算（含预留长度）。

（2）共箱母线、低压封闭式插接母线槽，以"m"计量，按设计图示尺寸以中心线长度计算。

（3）重型母线，以"t"计量，按设计图示尺寸以质量计算。

2.【答案】D

【解析】防雷及接地装置工程量计算：

（1）利用桩基础作接地极，应描述桩台下桩的根数，每桩几根柱筋需焊接。其工程量计入柱引下线的工程量。利用基础钢筋作接地极按均压环项目编码列项。

（2）利用柱筋作引下线的，需描述桩筋焊接根数。

（3）利用圈梁筋作均压环的，需描述圈梁筋焊接根数。

（4）使用电缆、电线作接地线，应按《通用安装工程工程量计算规范》附录D.8、D.12相关项目编码列项。

3.【答案】A

【解析】配线进入箱、柜、板的预留长度为盘面尺寸的高+宽。

【名师点拨】进入配电箱预留半周长属于必会内容，电气工程计量对于此处预留线的问题考查频率很高。首先需要读懂配电箱的尺寸表达方法，一般题干会有明确的表示。进而正确掌握配电线总根数问题。

4.【答案】A

【解析】配管线槽安装工程量不扣除中间接线盒、灯头盒所占长度，选项B错误。接地母线的附加长度应计入工程量，选项C错误。架空导线进户线预留长度为2.5m/根，选项D错误。

5.【答案】D

【解析】盘、箱、柜的外部进出线预留长度（m/根）见下表。

序号	项目	预留长度/m	说明
1	各种箱、柜、盘、板、盒	高+宽	盘面尺寸
2	单独安装的铁壳开关、自动开头、刀开关、启动器、箱式电阻器、变阻器	0.5	从安装对象中心算起
3	继电器、控制开头、信号灯、按钮、熔断器等小电器	0.3	从安装对象中心算起
4	分支接头	0.2	分支线预留

6.【答案】B

【解析】普通灯具、工厂灯、高度标志（障碍）灯、装饰灯、荧光灯、医疗专用灯、一般路灯、中杆灯、高杆灯、桥栏杆灯、地道涵洞灯，按设计图示数量以"套"计算。

7.【答案】B

【解析】电缆敷设有敷设弛度、波浪弯度、交叉时，电缆预留长度应按照电缆全长的2.5%计算。

二、多项选择题

8.【答案】CDE

【解析】"电气设备安装工程"适用于10kV以下变配电设备及线路的安装工程、车间动力电气设备及电气照明、防雷及接地装置安装、配管配线、电气调试等。

9.【答案】BD

【解析】一般路灯计量单位为"套"；接线箱、接线盒计量单位为"个"；桥架计量单位为"m"；荧光灯计量单位为"套"。

考点 2　通风空调工程计量【必会】

一、单项选择题

10.【答案】 A

【解析】 风管渐缩管、圆形风管按平均直径，矩形风管按平均周长计算。

11.【答案】 B

【解析】 冷冻机组内的管道安装，应按工业管道工程相关项目编码列项。冷冻站外墙皮以外通往通风空调设备供热、供冷、供水等管道，应按给排水、采暖、燃气工程相关项目编码列项。

12.【答案】 B

【解析】 风管展开面积，不扣除检查孔、测定孔、送风口、吸风口等所占面积；风管展开面积不包括风管、管口重叠部分面积。

13.【答案】 D

【解析】 碳钢通风管道、净化通风管道、不锈钢板通风管道、铝板通风管道、塑料通风管道等五个分项工程在进行计量时，按设计图示内径尺寸以展开面积计算，计量单位为"m^2"；玻璃钢通风管道、复合型风管也是以"m^2"为计量单位，但其工程量是按设计图示外径尺寸以展开面积计算。柔性软风管的计量有两种方式：以"m"计量，按设计图示中心线以长度计算；以"节"计量，按设计图示数量计算。风管展开面积，不扣除检查孔、测定孔、送风口、吸风口等所占面积。

14.【答案】 C

【解析】 风管长度一律以设计图示中心线长度为准（主管与支管以其中心线交点划分），包括弯头、三通、变径管、天圆地方等管件的长度，但不包括部件所占的长度。

二、多项选择题

15.【答案】 ABC

【解析】 风管长度一律以设计图示中心线长度为准，包括弯头、三通、变径管、天圆地方等管件的长度，但不包括部件所占的长度。

【名师点拨】 注意区分面积计算和长度计算。风管展开面积，不扣除检查孔、测定孔、送风口、吸风口等所占面积。

16.【答案】 BDE

【解析】 选项 B，柔性软风管的计量有两种方式：以米计量，按设计图示中心线以长度计算；以节计量，按设计图示数量计算。选项 D，静压箱，按展开面积计算时，不扣除开口的面积。选项 E，风管漏光试验，漏风试验的计量按设计图纸或规范要求以展开面积计算，计量单位为"m^2"。

17.【答案】 AC

【解析】 过滤器的计量有两种方式：以"台"计量，按设计图示数量计算；以面积计量，按设计图示尺寸以过滤面积计算。

考点 3　工业管道工程计量【必会】

一、单项选择题

18.【答案】 A

【解析】 工程中管道与阀门的公称压力划分：低压 $0 < P \leqslant 1.60$ MPa；中压 $1.60 < P \leqslant 10.00$ MPa；高压 $10.00 < P \leqslant 42.00$ MPa。蒸汽管道 $P \geqslant 9.00$ MPa，工作温度 $\geqslant 500$ ℃时升为高压。一般水、暖工程均为低压系统，大型电站锅炉及各种工业管道采用中压、高

压或超高压系统。

19.【答案】B

【解析】管架制作安装，按设计图示质量以"kg"为计量单位。单件支架质量有100kg以下和100kg以上时，应分别列项。支架衬垫需注明采用何种衬垫，如防腐木垫、不锈钢衬垫、铝衬垫等。

20.【答案】A

【解析】各种管道安装工程量，均按设计管道中心线长度，以"延长米"计算，不扣除阀门及各种管件所占长度。室外埋设管道不扣除附属构筑物（井）所占长度，方形补偿器以其所占长度列入管道安装工程。

21.【答案】A

【解析】各种管道安装工程量，均按设计管道中心线长度，以"延长米"计算，不扣除阀门及各种管件所占长度。遇弯管时，按两管交叉中心线交点计算。

22.【答案】A

【解析】管件包括弯头、三通、四通、异径管、管接头、管上焊接管接头、管帽、方形补偿器弯头、管道上仪表一次部件，仪表温度计扩大管制作安装等。按设计图示数量以"个"计算。

(1) 管件压力试验、吹扫、清洗、脱脂均包括在管道安装中。

(2) 在主管上挖眼接管的三通和摔制异径管，均以主管径按管件安装工程量计算，不另计制作费和主材费；挖眼接管的三通支线管径小于主管径1/2时，不计算管件安装工程量；在主管上挖眼接管的焊接接头、凸台等配件，按配件管径计算管件工程量。

(3) 三通、四通、异径管均按大管径计算。

(4) 管件用法兰连接时执行法兰安装项目，管件本身不再计算安装。

(5) 半加热外套管摔口后焊接在内套管上，每处焊口按一个管件计算；外套碳钢管如焊接不锈钢内套管上时，焊口间需加不锈钢短管衬垫，每处焊口按两个管件计算。

23.【答案】A

【解析】"工业管道工程"适用于厂区范围内的车间、装置、站罐区及相互之间各种生产用介质输送管道和厂区第一个连接点以内生产、生活共用的输送给水、排水、蒸汽、燃气的管道安装工程。

【名师点拨】工业管道的划分必会包含在厂区范围内，一般标注为厂区除了生活给水、排水、蒸汽管道之外，都属于工业管道范畴。

二、多项选择题

24.【答案】ABDE

【解析】在主管上挖眼接管的三通和摔制异径管，均以主管径按管件安装工程量计算，不另计制作费和主材费；挖眼接管的三通支线管径小于主管径1/2时，不计算管件安装工程量；在主管上挖眼接管的焊接接头、凸台等配件，按配件管径计算管件工程量。

25.【答案】ACD

【解析】管件压力试验、吹扫、清洗、脱脂均包括在管道安装中。管件用法兰连接时执行法兰安装项目，管件本身不再计算安装。法兰按材质、规格、型号、连接方式等，设计图示数量以"副（片）"计算。阀门按材质、规格、型号、连接方式等，设计图示数量以"个"计算。管件包括弯头、三通、四通、异径管、管接头、管帽、方形补偿器弯头、管道上仪表一次部件、仪表温度计扩大管制作安装等。

考点 4　消防工程计量【必会】

一、单项选择题

26.【答案】A

【解析】水喷淋、消火栓钢管等，不扣除阀门、管件及各种组件所占长度，按设计图示管道中心线长度以"m"计算。

27.【答案】C

【解析】湿式报警装置包括：湿式阀、蝶阀、装配管、供水压力表、装置压力表、试验阀、泄放试验阀、泄放试验管、试验管流量计、过滤器、延时器、水力警铃、报警截止阀、漏斗、压力开关等。

28.【答案】D

【解析】消防系统调试工程量计算：

（1）自动报警系统，包括各种探测器、报警器、报警按钮、报警控制器、消防广播、消防电话等组成的报警系统；按不同点数以"系统"计算。

（2）水灭火控制装置调试，自动喷洒系统按水流指示器数量以"点（支路）"计算；消火栓系统按消火栓起泵按钮数量以"点"计算；消防水炮系统按水炮数量以"点"计算。

（3）防火控制装置调试，包括电动防火门、防火卷帘门、正压送风阀、排烟阀、防火控制阀、消防电梯等防火控制装置。电动防火门、防火卷帘门、正压送风阀、排烟阀、防火控制阀等调试以"个"计算，消防电梯以"部"计算。

（4）气体灭火系统调试，由七氟丙烷、IG541、二氧化碳等组成的灭火系统；按气体灭火系统装置的瓶头阀以"点"计算。

二、多项选择题

29.【答案】ABE

【解析】喷淋系统水灭火管道、消火栓管道：室内外界限应以建筑物外墙皮1.5m为界，入口处设阀门者应以阀门为界；设在高层建筑物内消防泵间管道应以泵间外墙皮为界。与市政给水管道的界限：以与市政给水管道碰头点（井）为界。

【名师点拨】注意区分不同管道室内外界限的划分，包括给排水、采暖、燃气工程，消防工程等。

30.【答案】AE

【解析】防火控制装置包括电动防火门、防火卷帘门、正压送风阀、排烟阀、防火控制阀、消防电梯调试。

31.【答案】BCD

【解析】选项B，自动报警系统调试，按系统以"系统"计算。选项C，水灭火系统控制装置调试，按设计图示数量控制装置的点数，以"点"计算。选项D，防火控制装置调试，按设计图示数量以"个（部）"计算。气体灭火系统装置调试，按调试、检验和验收所消耗的试验容器总数计算。气体灭火系统是由七氟丙烷、IG541、二氧化碳等组成的灭火系统，按气体灭火系统装置的瓶头阀以"点"计算。

32.【答案】BCD

【解析】消防水炮按"台"计量；报警装置、温感式水幕装置按型号、规格以"组"计算；末端试水装置按规格、组装形式以"组"计算；水泵接合器以"套"计量，按设计图示数量计算。

33. 【答案】ABDE

【解析】预作用报警装置包括报警阀、控制蝶阀、压力表、流量表、截止阀、排放阀、注水阀、止回阀、泄放阀、报警试验阀、液压切断阀、装配管、供水检验管、气压开关、试压电磁阀、空压机、应急手动试压器、漏斗、过滤器、水力警铃等。延时器属于湿式报警装置。

34. 【答案】AB

【解析】末端试水装置，包括压力表、控制阀等附件安装。末端试水装置安装中不含连接管及排水管安装。

考点 5　给排水、采暖、燃气工程计量【必会】

一、单项选择题

35. 【答案】C

【解析】选项A以"套"为计量单位；选项B、D以"组"为计量单位。

36. 【答案】A

【解析】管道工程量计算不扣除阀门、管件（包括减压器、疏水器、水表、伸缩器等组成安装）及附属构筑物所占长度；方形补偿器以其所占长度列入管道安装工程量。

37. 【答案】B

【解析】给排水、采暖、燃气管管道分项工程数量按设计图示管道中心线以长度计算，计量单位为"m"，管道工程量计算不扣除阀门、管件（包括减压器、疏水器、水表、伸缩器等组成安装）及附属构筑物所占长度。排水管道安装包括立管检查口、透气帽。室外管道碰头工程数量按设计图示以处计算，计量单位为"处"。

【名师点拨】零部件所占长度或者所占面积较少的一般不扣除其本身的长度或者面积。

38. 【答案】D

【解析】选项D，光排管救热器制作安装，按设计图示散热器排管长度以"m"计算。

二、多项选择题

39. 【答案】AC

【解析】铸铁散热器、钢制散热器和其他成品散热器三个分项工程清单项目，按设计图示数量以"组"或"片"计算。光排管散热器制作安装，按设计图示排管长度以"m"计算。

40. 【答案】BD

【解析】给排水、采暖、燃气管管道分项工程数量按设计图示管道中心线以长度计算，计量单位为"m"，管道工程量计算不扣除阀门、管件（包括减压器、疏水器、水表、伸缩器等组成安装）及附属构筑物所占长度。排水管道安装包括立管检查口、透气帽。室外管道碰头工程数量按设计图示以处计算，计量单位为"处"。

41. 【答案】AB

【解析】给排水、采暖、燃气工程计量给水管道内外界限划分：以建筑物外墙皮1.5m为界，入口外设阀门者以阀门为界；排水管道室内外界限划分：以出户第一个排水检查井为界；采暖管道室内外界限划分：以建筑物外墙皮1.5m为界，入口外设阀门者以阀门为界；燃气管道室内外界限划分：地下引入室内的管道以室内第一个阀门为界，地上引入室内的管道以墙外三通为界。

第三节　安装工程工程量清单的编制

考点　**安装工程工程量清单的编制**

一、单项选择题

1.【答案】B

【解析】根据《通用安装工程工程量计算规范》，编制分部分项工程和单价措施项目工程量清单。

2.【答案】A

【解析】暂估价包括暂不能确定价格的材料暂定价，选项 B 错误。专业工程暂估价不包括规费和税金，选项 C 错误。计日工单价包含企业管理费和利润，选项 D 错误。

二、多项选择题

3.【答案】ABCD

【解析】其他项目清单与计价汇总表包括暂列金额明细表、材料（工程设备）暂估单价及调整表、专业工程暂估价及结算价表、计日工表、总承包服务费计价表。

第四节　计算机辅助工程量计算

考点　**计算机辅助工程量计算**

一、单项选择题

1.【答案】B

【解析】BIM 优化的原则有：

（1）大管优先，小管让大管。（小管避让所增加的费用小）。

（2）有压管让无压管。（重力流管道改变坡度困难）。

（3）低压管避让高压管。（高压管道施工技术要求高，造价高）。

（4）给水管让排水管。（排水管常为重力流，且水中污染物较多，宜尽快排至室外）。

（5）冷水管让热水管（从工艺和节约两方便考虑，热水管更希望短而直）。

（6）弱电让强电（弱电管导线较小，便于安装，费用低）。

（7）生活用水管让消防用水管（消防用水量大、管径也较大，要求供水保证率更高）。

（8）可弯管线让不可弯管线、分支管线让主干管线。

（9）金属管让非金属管（金属管容易弯曲、切割和链接）。

（10）气管让水管（水管比气管造价高，水比气流动动力费用更大）。

（11）临时管让永久管。

（12）附件少的管线避让附件多的管线，安装、维修空间≥500mm。

（13）电气管线避热避水，在热水管线、蒸气管线上方及水管的垂直下方不宜布置电气线路。

（14）常温避让高、低温管道。

二、多项选择题

2.【答案】ACE

【解析】建设项目发承包阶段是 BIM 应用最集中的环节之一，主要包括工程量清单编制、最高投标报价编制、投标限价编制等。成本计划管理属于施工阶段的应用。设计概算的编审属于设计阶段的应用。

3. 【答案】BCE

【解析】BIM 技术具有可视化、一体化、参数化、协调性、模拟性、优化性、可出图性和信息完备性八大特点。

4. 【答案】ABDE

【解析】工程量计算软件支持各专业 BIM 三维模式算量、支持表格算量，并且兼容所有电子版图纸的导入，包括 CAD 图纸、Revit 模型、PDF 图纸、图片等。

第四章　安装工程计价

第一节　安装工程施工图预算的编制

考点　安装工程施工图预算的编制

一、单项选择题

1.【答案】D

【解析】施工图预算是在项目发承包阶段（或发承包之前）为了预测或签订合同造价，依据经过审图程序、确定用于发包的施工图，由造价专业人员编制的计价文件。

2.【答案】B

【解析】实物量法编制施工图预算的步骤：

（1）准备资料、熟悉施工图纸。

（2）列项并计算工程量。

（3）套用消耗量定额，计算人工、材料、机具台班消耗量。

（4）计算并汇总人工费、材料费和施工机具使用费。

（5）计算其他各项费用，汇总造价。

（6）复核、填写封面、编制说明。

3.【答案】A

【解析】工料单价法是以分项工程的单价为工料单价，将分项工程量乘以对应分项工程单价后的合计作为单位工程直接费，直接费汇总后，再根据规定的计算方法计取企业管理费、利润、规费和税金，将上述费用汇总后得到该单位工程的施工图预算造价。

4.【答案】B

【解析】实物量法与工料单价法首尾部分的步骤基本相同，所不同的主要是中间两个步骤，即①采用实物量法计算工程量后，套用相应人工、材料、施工机具台班预算定额消耗量，求出各分项工程人工、材料、施工机具台班消耗数量并汇总成单位工程所需各类人工工日、材料和施工机具台班的消耗量。②采用实物量法，采用的是当时当地的各类人工工日、材料、施工机械台班、施工仪器仪表台班的实际单价分别乘以相应的人工工日、材料和施工机具台班总的消耗量，汇总后得出单位工程的直接费。

二、多项选择题

5.【答案】ABE

【解析】施工图预算编制说明主要内容应包括编制的依据、采用的定额、计价费率，暂时不能解决的问题及原因，主要材料价格的来源，其他需要说明的问题等。

第二节　安装工程预算定额

考点　安装工程预算定额【重要】

一、单项选择题

1.【答案】C

【解析】按生产要素分为劳动定额、材料消耗定额和施工机械定额，它们相互依存形成一个整体，各自不具有独立性。

2.【答案】C

【解析】企业定额是施工单位根据自身企业管理水平、技术水平编制的人工、材料和机械台班消耗量标准，可以反映企业的真实水平。

二、多项选择题

3.【答案】ABCE

【解析】工程单价包括工料单价和综合单价。

（1）工料单价也称直接工程费单价，包括人工、材料、机械台班费用，是各种人工消耗量、各种材料消耗量、各类机械合班消耗量与其相应单价乘积的累计。

（2）综合单价包括人工费、材料费、施工机具使用费，还包括企业管理费、利润和一定范围的风险因素。

第三节　安装工程费用定额

考点　安装工程费用定额【重要】

一、单项选择题

1.【答案】C

【解析】人工费是指按工资总额构成规定，支付给从事建筑安装工程施工的生产工人和附属生产单位工人的各项费用。人工费包括：计时工资和计件工资、奖金、津贴补助、加班加点工资、特殊情况下支付的工资。

二、多项选择题

2.【答案】CD

【解析】人工费组成包括：计时工资或计件工资、奖金、津贴补贴、加班加点工资、特殊情况下支付的工资。（计奖津加特）

3.【答案】BDE

【解析】根据《建设工程工程量清单计价规范》规定，不得作为竞争性费用的是措施项目中安全文明施工费、规费和税金。

4.【答案】ABE

【解析】建筑安装工程费用项目由分部分项工程费、措施项目费、其他项目费、规费、税金组成。其中分部分项工程费、措施项目费、其他项目费包含了人工费、材料费、施工机具使用费、企业管理费和利润。

第四节　安装工程最高投标限价的编制

考点　安装工程最高投标限价的编制【重要】

单项选择题

1.【答案】D

【解析】施工招标工程量清单中，应由投标人自主报价的其他项目是计日工单价和总承包服务费。

2.【答案】A

【解析】选项 B 错误，招标控制价应在招标文件中公布，对所编制的招标控制价不得进行上浮或下调。在公布招标控制价时，除公布招标控制价的总价外，还应公布各单位工程的分部分项工程费、措施项目费、其他项目费、规费和税金。选项 C 错误，招标控制价超过批准的概算时，招标人应将其报原概算审批部门审核。选项 D 错误，当招标控制价复查结论与原公布的招标控制价误差大于±3%时，应责成招标人改正。

第五节　安装工程投标报价的编制

一、单项选择题

1.【答案】C

【解析】选项 A 错误，计日工费用需计入投标总价。选项 B 错误，发包人通知承包人以计日工方式实施的零星工作，承包人应予执行。选项 D 错误，计日工费用列入进度款支付。

二、多项选择题

2.【答案】ACE

【解析】各阶段的暂估价规定见下表。

阶段	材料、工程设备暂估价	专业工程暂估价
招标控制价（最高投标限价、标底）	按招标工程量清单中列出的单价计入综合单价	按有关计价规定估算
投标报价	应按招标人列出的单价计入综合单价	按招标人列出的金额填写
竣工结算	按发、承包双方最终确认价在综合单价中调整	应按中标价或发包人、承包人与分包人最终确认价计算

【名师点拨】重点区分不同阶段，暂估价的特定含义。

第六节　安装工程价款结算和合同价款的调整

一、单项选择题

1.【答案】D

【解析】根据计价规则，法律法规政策类风险影响合同价款调整的，应由发包人承担。这些风险主要包括：①国家法律、法规、规章和政策发生变化；②省级或行业建设主管部门发布的人工费调整，但承包人对人工费或人工单价的报价高于发布的除外。

2.【答案】D

【解析】8月份完成的清单项目子目的合同价款＝3 000＋100＝3 100（万元）。

价格调整金额＝$3\,100 \times [(0.35 + 0.15 \times \frac{105}{100} + 0.1 \times \frac{89}{85} + 0.3 \times \frac{118.6}{113.4} + 0.1 \times \frac{113}{110}) - 1] = 88.94$（万元）。

3.【答案】D

【解析】$T = P - M/N = 20\,000 - 2\,400/40\% = 14\,000$（万元）。

【名师点拨】预付款的计算属于考试必会内容，不管是计算题还是选择题，都需要先计算出预付款的支付额度，按照题干给定的方式进行扣回即可，一般会考查公式法扣回，即本题展示的方式。

4.【答案】C

【解析】发包人应在工程开工后的 28d 内预付不低于当年施工进度计划的安全文明施工费总额的 60%，其余部分按照提前安排的原则进行分解，与进度款同期支付。

二、多项选择题

5.【答案】ABC

【解析】《建设工程施工合同（示范文本）》工程变更的范围：

（1）增加或减少合同中任何工作，或追加额外的工作。

（2）取消合同中任何工作，但转由他人实施的工作除外。

（3）改变合同中任何工作的质量标准或其他特性。

（4）改变工程的基线、标高、位置和尺寸。

（5）改变工程的时间安排或实施顺序。

第七节　安装工程竣工决算价款的编制

考点　安装工程竣工决算价款的编制【掌握】

多项选择题

【答案】AC

【解析】竣工决算是由竣工财务决算说明书、竣工财务决算报表、工程竣工图和工程竣工造价对比分析四部分组成。竣工财务决算说明书和竣工财务决算报表两部分又称建设项目竣工财务决算，是竣工决算的核心内容。

第五章　案例模块

专题一　工程量计算

案例一

1. 计算卫生间给水管道和阀门安装项目分部分项清单工程量：

（1）$DN50$ PP-R 塑料管直埋：$2.6+0.15=2.75$（m）

（2）$DN40$ PP-R 塑料管直埋：$2.2+2.8-0.15-0.15+0.6+0.6=5.9$（m）

（3）$DN40$ PP-R 塑料管明设：$1.3+0.4=1.7$（m）

（4）$DN32$ PP-R 塑料管明设：$3.6+[3.6+(0.8-0.4)]+[1.8+4.4-0.15-0.15+(1.3-0.8)+0.7+0.9-0.15]\times2+[3.9+2.3-0.15-0.15+(0.8-0.4)+2.8-0.15-0.15+0.7+0.9-0.15]\times2=43.8$（m）

（5）$DN25$ PP-R 塑料管明设：$[(1.3-1)+2.2-0.15-0.3]\times2+(0.5+0.7-0.15)\times2=6.2$（m）

（6）$DN40$ 球阀 Q11F－16C：1 个

（7）$DN25$ 球阀 Q11F－16C：$1\times2+1\times2=4$（个）

2. 分部分项工程和单价措施项目清单与计价表见下表。

表 2. Ⅱ. 1　分部分项工程和单价措施项目清单与计价表

工程名称：某厂区标段：办公楼卫生间给排水工程安装　第 1 页　共 1 页

序号	项目编码	项目名称	项目特征描述	计量单位	工程量	金额/元		
						综合单价	合价	其中：暂估价
1	031001006001	塑料管	$DN50$ 室内 PP-R 塑料给水管、热熔连接、水压试验	m	3			
2	031001006002	塑料管	$DN40$ 室内 PP-R 塑料给水管、热熔连接、水压试验	m	6.5			
3	031001006003	塑料管	$DN32$ 室内 PP-R 塑料给水管、热熔连接、水压试验	m	25			
4	031001006004	塑料管	$DN25$ 室内 PP-R 塑料给水管、热熔连接、水压试验	m	16			
5	031003001001	螺纹阀门	$DN40$ 球阀 Q11F－16C、螺纹连接	个	2			
6	031003001002	螺纹阀门	$DN25$ 球阀 Q11F－16C、螺纹连接	个	2			

序号	项目编码	项目名称	项目特征描述	计量单位	工程量	金额/元		
						综合单价	合价	其中：暂估价
7	031004003001	洗脸盆	单柄单孔台上式安装	组	4			
8	031004006001	大便器	感应式冲洗阀蹲式	组	8			
9	031004007001	小便器	感应式冲洗阀壁挂式	组	4			
本页小计								
合计								

注：各分项之间用横线分开。

【名师点拨】 给排水工程识图算量并编制清单属于考试必考点，学习时必须能够读懂平面图以及系统图，建议大家多找几幅图进行识读。管道工程计算量不会很大，难点在于管道的走向问题，故做此类题目，一定要读懂题干要求，分清管道的变径点。

案例二

给水排水工程工程量计算见下表。

序号	项目编码	清单项目名称	计算式	工程量	计量单位
1	031001007001	复合管 $DN65$	给水热镀锌衬塑复合管 $DN65$：0.32m	0.32	m
2	031001007002	复合管 $DN50$	给水热镀锌衬塑复合管 $DN50$：$1.3+0.41+0.4=2.11$（m）	2.11	m
3	031001007003	复合管 $DN40$	给水热镀锌衬塑复合管 $DN40$：$3.85+2.2+1.8+1.8=9.65$（m）	9.65	m
4	031001007004	复合管 $DN32$	给水热镀锌衬塑复合管 $DN32$：$3.85+1.3+0.25=5.4$（m）	5.4	m
5	031001007005	复合管 $DN25$	给水热镀锌衬塑复合管 $DN25$：$0.9+0.87+0.45+0.9=3.12$（m）	3.12	m
6	031001007006	复合管 $DN20$	给水热镀锌衬塑复合管 $DN20$：$0.8+1.8+0.1\times3=2.9$（m）	2.9	m
7	031001006001	塑料管（UPVC管 $DN100$）	排水 UPVC 管 $DN100$：$3.07+0.24+3.07+0.24+4.19+0.24+4\times3=23.05$（m）	23.05	m
8	031001006002	塑料管（UPVC管 $DN75$）	排水 UPVC 管 $DN75$：$0.39+0.8+3.15+0.24+4=8.58$（m）	8.58	m
9	031004003001	洗脸盆	陶瓷立式洗脸盆，带红外感应水龙头，2 套	2	套
10	031004004001	洗涤盆	陶瓷拖把池，落地安装，带水龙头，2 套	2	套
11	031004014001	地漏	铸铁地漏 $DN75$，3 个	3	个
12	031004006001	大便器	陶瓷蹲式大便器，脚踏阀冲洗，11 套	11	套
13	031004007001	小便器	陶瓷挂式小便器，自闭阀冲洗，3 套	3	套

续表

序号	项目编码	清单项目名称	计算式	工程量	计量单位
14	031004014001	地面扫出口	地面扫出口 $DN75$，1个	1	个

案例三

根据图 5-1-6 和《通用安装工程工程量计算规范》的规定，接地母线、配管和配线的清单工程量计算过程见下表。

序号	项目编码	项目名称	项目特征描述	计量单位	工程数量	计算式
1	030404017001	配电箱	照明配电箱 MX 嵌入式安装，金属箱体尺寸：$600 \times 400 \times 200$（宽×高×厚，mm），安装高度 1.6m	台	1	
2	030404034001	照明开关	单联单控暗开关 250V10A，安装高度 1.4m	个	2	
3	030409001001	接地极	镀锌角钢接地极 $50 \times 50 \times 5$（mm），每根 $L=2.5$m，普通土	根	3	
4	030409002001	接地母线	镀锌扁钢接地母线 40×4（mm），室外埋地安装，埋深 0.7m	m	16.42	接地母线图示长度＝5＋5＋2＋1＋0.7＋1.6＋0.5＝15.80（m） 考虑 3.9% 的附加长度，总长度＝15.80×1.039＝16.42（m）
5	030414011001	接地装置电气调整试验	接地极电阻测试	组	1	
6	030411001001	配管	镀锌电线管 φ20 沿砖、混凝土结构暗配	m	18.10	管长＝4－1.6－0.4＋1.8＋1.8＋2×3＋（4－1.4）×2＋1.3＝18.10（m）
7	030411006001	接线盒	暗装接线盒 4 个 暗装开关盒 2 个	个	6	
8	030411004001	配线	管内穿阻燃绝缘导线 ZR-BV 1.5mm²	m	42.20	线长＝（4－1.6－0.4＋1.8×2）×2＋（2＋2）×3＋（4－1.4）×2×2＋（2＋1.3）×2＝40.20（m） 预留长度＝600＋400＝1 000（mm）＝1（m） 总长度＝40.20＋1×2＝42.20（m）
9	030412005001	荧光灯	YG2－2 吸顶安装	套	4	

案例四

（1）照明回路 WL1：

1）钢管 SC20 工程量计算：

$(4.4-1.5-0.45+0.05)+1.9+(4+4)\times3+3.2$（5 根）$+3.2+1.10$（6 根）$+(4.4-1.3+0.05)$（6 根）$=39.05$（m）。

（上式中未标注的管内穿 4 根线）

2）钢管 SC15（穿 3 根）工程量计算：$0.9+(3-1.3+0.05)=2.65$（m）。

3）管内穿 2.5mm^2 线工程量计算：

$(0.3+0.45)\times4+[(4.4-1.5-0.45+0.05)+1.9+(4+4)\times3+3.2]\times4+3.2\times5+[1.10+(4.4-1.3+0.05)]\times6+[0.9+(3-1.3+0.05)]\times3=3+126.4+16+25.5+7.95=178.85$（m）。

（2）照明回路 WL2：

1）钢管 SC20 工程量计算：

$(4.4-1.5-0.45+0.05)+14.5+(4+4)\times3+3.2$（5 根）$+3.2+0.8$（6 根）$+(4.4-1.3+0.05)$（6 根）$=51.35$（m）。

（上式中未标注的管内穿 4 根线）

2）钢管 SC15（穿 3 根）工程量计算：$1.3+(3.4-1.3+0.05)=3.45$（m）。

3）管内穿 2.5mm^2 线工程量计算：

$(0.3+0.45)\times4+[(4.4-1.5-0.45+0.05)+14.5+(4+4)\times3+3.2]\times4+3.2\times5+[0.8+(4.4-1.3+0.05)]\times6+[1.3+(3.4-1.3+0.05)]\times3=3+176.8+16+23.7+10.35=229.85$（m）。

（3）插座回路 W×1：

1）钢管 SC15 工程量计算：

$(1.5+0.05)+6.3+(0.05+0.3)\times3+6.4+(0.05+0.3)\times2+7.17+(0.05+0.3)+7.3+(0.05+0.3)\times2+6.4+(0.05+0.3)\times2+7.17+(0.05+0.3)=46.14$（m）。

或者 $(1.5+0.05)+6.3+7.3+(6.4+7.17)\times2+(0.05+0.3)\times11=46.14$（m）。

2）管内穿 2.5mm^2 线工程量计算：

$(0.3+0.45)\times3+[(1.5+0.05)+6.3+7.3+(6.4+7.17)\times2+(0.05+0.3)\times11]\times3=2.25+138.42=140.67$（m）。

照明和插座回路的钢管 SC20 合计：$39.05+51.35=90.40$（m）。

照明和插座回路的钢管 SC15 合计：$2.65+3.45+46.14=52.24$（m）。

管内穿线 BV2.5mm^2 合计：$178.85+229.85+140.67=549.37$（m）。

（4）避雷网工程量：

沿支架明敷：$[24.2\times2+8.4\times2+(5.1-4.5)\times2]\times(1+3.9\%)=68.99$（m）。

沿混凝土支墩明敷：$8.4\times(1+3.9\%)=8.73$（m）。

（5）均压环工程量：

$24.2\times2+8.4\times2=65.2$（m）。

分部分项工程和单价措施项目清单与计价表见下表。

序号	项目编码	项目名称	项目特征描述	计量单位	工程量	金额/元		
						综合单价	合价	其中暂估价
1	030404017001	配电箱	照明配电箱ALDPZ30R−45嵌入式安装距地1.5m；箱体尺寸：300（宽）×450（高）×120（深）（距地1.3m）；无线端子外部接线2.5mm²11个	台	1			
2	030404034001	照明开关	暗装四极开关86K41−10；距地1.3m	个	2			
3	030404035001	插座	单项二、三级暗插座86Z223−10；距地0.3m	个	6			
4	030409004001	均压环	利用基础钢筋网（基础外圈两根≥φ10钢筋）作共用接地装置，$R_d \leq 1\Omega$	m	65.2			
5	030409005001	避雷网	镀锌圆钢φ10沿支架明敷	m	68.99			
6	030409005002	避雷网	镀锌圆钢φ10沿混凝土支墩明敷		8.73			
7	030411001001	配管	SC20钢管，沿砖、混凝土结构暗配	m	90.40			
8	030411001002	配管	SC15钢管，沿砖、混凝土结构暗配	m	52.24			
9	030411004001	配线	管内穿线BV2.5mm²	m	549.37			
10	030412001001	普通灯具	节能灯22Wφ350，吸顶安装	套	2			
11	030412005002	荧光灯	双管荧光灯，吸顶安装2×28W	套	18			
			合计					

【名师点拨】 电气工程识图主要考查照明工程、防雷工程两类，电气工程图简单，难点在于管线的计算，需要考生准确分清管线的走线、预留问题。

案例五

火灾报警系统配管配线的工程量计算如下：

（1）WD1回路，φ20钢管暗配：（3−1.5−0.3）+1.6+9.6+6+7+7+5.5+（3−1.5）+（3−1.5）+1.2+（3−2.2）+6+6+7+5.0+（3−2.2）+（3−2.2）+1.2+（3−1.5）=71.20（m）。

电源二总线NH-BV-2.5mm²：（71.20+0.3+0.4）×2=143.80（m）。

（2）WA1回路，φ20钢管暗配：7+5.5+7×2+6+7×3+6×4+7×5+7.5+6×4+7=151.00（m）。

报警二总线NH-RVS-2×1.5mm²：71.20+（151.00+0.3+0.4）=222.90（m）。

合计：φ20钢管暗配：71.20+151=222.20（m）。

电源二总线NH-BV-2.5mm²：143.80m。

报警二总线NH-RVS-2×1.5mm²：222.90m。

分部分项工程量清单，见下表。

序号	项目编码	项目名称	项目特征	计量单位	工程量	金额/元	
						综合单价	合价
1	030411001001	配管	φ20焊接钢管，暗配	m	222.20		
2	030411004001	配线	电源二总线，穿管敷设，NH-BV-2×1.5mm²	m	143.80		
3	030411004002	配线	报警二总线，穿管敷设，NH-RVS-2×1.5mm²	m	222.90		
4	030411006001	接线盒	接线盒30个、开关盒4个	个	34		
5	030904001001	点型探测器	感烟探测器，吸顶安装	个	30		
6	030904003001	按钮	带电话插孔的手动报警按钮，J-SAM-GST9122，距地1.5m安装	个	2		
7	030904008001	模块	输入监视模块，与控制设备同高度安装	个	2		
8	030904008002	模块	控制模块，与控制设备同高度安装	个	2		
9	030904009001	区域报警控制箱	箱体尺寸：400×300×200（宽×高×厚，mm）距地1.5m挂墙安装，控制点数量：34点	台	1		
10	030904005001	声光报警器	火灾声光报警器，距地2.2m安装	个	2		
11	030905001001	自动报警系统装置调试	总线制点数：34点	系统	1		

案例六

1. 风管清单工程量计算见下表。

序号	清单项目特征	清单工程量计算过程	计量单位	清单工程量
1	镀锌薄钢板矩形风管1 000×300，δ=1.2mm，法兰咬口连接	(1+0.3)×2×[1.5+（10−0.21）+（3.3−1.2）+6×2]	m²	66.01
2	镀锌薄钢板矩形风管800×300，δ=1.0mm，法兰咬口连接	(0.8+0.3)×2×7.5×2	m²	33.00
3	镀锌薄钢板矩形风管630×300，δ=1.0mm，法兰咬口连接	(0.63+0.3)×2×6.3×2+0.63×0.3×2【堵头板】	m²	23.81

续表

序号	清单项目特征	清单工程量计算过程	计量单位	清单工程量
4	镀锌薄钢板矩形风管 450×450，$\delta=0.75$mm，法兰咬口连接	(0.45+0.45)×2×(0.3+0.15)×10	m²	8.10
5	帆布软管 1 000×300，$L=200$，柔性接口	(1+0.3)×2×0.2	m²	0.52

2. 分部分项工程和单价措施项目清单与计价见下表。

序号	项目编码	项目名称	项目特征描述	计量单位	工程量	金额/元 综合单价	金额/元 合价	金额/元 其中：暂估价
1	030702001001	碳钢通风管道	镀锌薄钢板矩形风管 1 000×300，$\delta=1.2$mm，法兰咬口连接	m²	66.01			
2	030702001002	碳钢通风管道	镀锌薄钢板矩形风管 800×300，$\delta=1.0$mm，法兰咬口连接	m²	33.00			
3	030702001003	碳钢通风管道	镀锌薄钢板矩形风管 630×300，$\delta=1.0$mm，法兰咬口连接	m²	23.81			
4	030702001004	碳钢通风管道	镀锌薄钢板矩形风管 450×450，$\delta=0.75$mm，法兰咬口连接	m²	8.10			
5	030703019001	柔性接口	帆布软管 1 000×300，$L=200$ 柔性接口	m²	0.52			
6	030701003001	空调器	YSL-DHS-225，外形尺寸为 1 200×1 100×1 900-350kg，落地安装，减振措施采用橡胶隔振垫 $\delta=20$mm	台	1			
7	030703001001	碳钢阀门	对开多叶调节阀，1 000×300，$L=210$	个	1			
8	030703011001	铝及铝合金散流器	铝合金方形散流器，450×450	个	10			
9	030704001001	通风工程检测调试	风管工程量：131.40m²	系统	1			

案例七

1. 图示热交换工艺管道系统中管道、管件、阀门法兰和支架的工程量计算如下：

(1) 中压管道：

φ219×6：23（水平干管）＋（20－0.5）（竖直干管）＋（1＋3＋8＋0.5）（水平管）＝55（m）。

φ159×6：[5（水平干管）＋（20－16）（竖直管）＋2（设备 a 进口管）]（连接设备a）＋[（20－16）（竖直管）＋2（设备 b 进口管）]（连接设备 b）＋[（4＋4）（水平管）＋（20－16）×3（竖直管设备 c、d、e 进口）]（连接设备 c、d、e）＝37（m）。

(2) 中压法兰阀门：

闸阀 J41H-25：DN200 为 2 个，DN150 为 5 个。

(3) 中压电动阀门：

电动阀门 J941H-25：DN200 为 1 个。

(4) 管架制作安装：

普通碳钢支架：12×25＋10×20＝500（kg）。

(5) 中压碳钢管件：

三通 DN200 为 2 个、三通 DN200×150 为 1 个、四通 DN200×150 为 1 个、异径管 DN200×150 为 1 个、三通 DN150 为 1 个、冲压弯头 DN150 为 5 个。

(6) 中压法兰：

阀门配法兰：DN200 为 3 副、DN150 为 2 副。

盲板配法兰：DN200 为 1 片。

盲板：DN200 为 1 块。

设备出口阀门配法兰：DN150 为 1＋1＋1＝3（片）。（设备 c、d、e）

设备出口配法兰：DN150 为 1＋1＝2（片）。（设备 a、b）

小计法兰：DN200 为 3＋0.5＋0.5＝4（副），DN150 为 2＋1.5＋1＝4.5（副）。

2. 分部分项工程量清单见下表。

序号	项目编码	项目名称	项目特征	计量单位	工程量
1	030802001001	中压碳钢管	φ219×6，20 号碳钢无缝钢管、电弧焊接、压力试验	m	55
2	030802001002	中压碳钢管	φ159×6，20 号碳钢无缝钢管、电弧焊接、压力试验	m	37
3	030805001001	中压碳钢管件	DN200	个	5
4	030805001002	中压碳钢管件	DN150	个	6
5	030811002001	中压碳钢焊接法兰	DN200	副	4
6	030811002002	中压碳钢焊接法兰	DN150	副	4.5
7	030808003001	中压法兰阀门	DN200，J41H-25	个	2
8	030808003002	中压法兰阀门	DN150，J41H-25	个	5
9	030808004001	中压电动阀门	DN200，J941H-25	个	1
10	031002001001	管道支吊架制作与安装	管道碳钢支架，手工除锈	kg	500
11	031201003001	金属结构刷漆	刷防锈漆、调和漆各两遍	kg	500

专题二　工程计价

案例一

1. 无缝钢管 $DN200$ 刷油的工程量清单综合单价分析表见下表，刷油的综合单价，应包括除锈、刷油的价格。

项目编码	031201001001	项目名称	管道刷油	计量单位	m²	工程量	117.82

清单综合单价组成明细										
定额编号	定额名称	定额单位	数量	单价/元				合价/元			
				人工费	材料费	施工机具使用费	管理费和利润	人工费	材料费	施工机具使用费	管理费和利润
	手工除管道轻锈	10m²	0.10	34.98	3.64	0.00	27.98	3.50	0.36	0.00	2.80
	管道刷红丹防锈漆第一遍	10m²	0.10	27.24	13.94	0.00	21.79	2.72	1.39	0.00	2.18
	管道刷红丹防锈漆第二遍	10m²	0.10	27.24	12.35	0.00	21.79	2.72	1.24	0.00	2.18
人工单价	小计							8.94	2.99	0.00	7.16
70、90、120元/工日	未计价材料费/元										
清单项目综合单价/（元/m²）								19.09			

材料费明细	主要材料名称、规格、型号	单位	数量	单价/元	合价/元	暂估单价/元	暂估合价/元
	其他材料费/元				2.99		
	材料费小计/元				2.99		

2. 无缝钢管 $DN200$ 保温工程量清单综合单价分析表见下表，计算保温的综合单价时，橡塑保温管（板）主材数量应考虑4%的损耗。

项目编码	031208002001	项目名称	管道绝热	计量单位	m³	工程量	4.04

清单综合单价组成明细										
定额编号	定额名称	定额单位	数量	单价/元				合价/元			
				人工费	材料费	施工机具使用费	管理费和利润	人工费	材料费	施工机具使用费	管理费和利润
	管道橡塑保温管 φ325内	m³	1.00	745.18	261.98	0.00	596.14	745.18	261.98	0.00	596.14
人工单价	小计							745.18	261.98	0.00	596.14

第五章 必刷

续表

项目编码	031208002001	项目名称	管道绝热	计量单位	m³	工程量	4.04
70、90、120 元/工日		未计价材料费/元				1 560.00	
清单项目综合单价/（元/m³）						3 163.30	

材料费明细	主要材料名称、规格、型号	单位	数量	单价/元	合价/元	暂估单价/元	暂估合价/元
	橡塑保温管	m³	1.04	1 500.00	1 560.00		
	其他材料费/元				261.98		
	材料费小计/元				1 821.98		

案例二

1. 2019 年 9 月信息价下降，应以较低的基准价基础为计算合同约定的风险幅度值，即：

2 900×（1−5%）=2 755（元/t）。

因此镀锌钢管每吨应下浮价格=2 755−2 700=55（元/t）。

2019 年 9 月实际结算价格=3 100−55=3 045（元/t）。

2. 2020 年 9 月信息价上涨，应以较高的投标价格为基础计算合同约定的风险幅度值，即：

3 100×（1+5%）=3 255（元/t）。

因此镀锌钢管每吨应上调价格=3 300−3 255=45（元/t）。

2020 年 9 月实际结算价格=3 100+45=3 145（元/t）。

案例三

(1)（5 594−5 080）/5 080=10%＞5%。

清单项 A 的结算总价=5 080×（1+5%）×452+［5 594−5 080×（1+5%）］×452×（1−5%）=2 522 612（元）。

(2)（8 918−8 205）/8 918=8%＞5%。

清单项 B 的结算总价=8 205×140×（1+5%）=1 206 135（元）。

案例四

(1) 分部分项工程费=6 000.00+6 000.00×25%×（18%+11%）=6 435.00（万元）。

其中，定额人工费和机械费=6 000.00×25%=1 500.00（万元）。

(2) 措施项目费中总价措施项目费=1 500×15%=225.00（万元）。

(3) 不可竞争费中安全文明施工费=1 500×6.3%=94.50（万元）。

(4) 其他项目费=200.00+500.00+500.00×3%=715.00（万元）。

(5) 税金=（6 435+225+94.5+715.00）×9%=672.26（万元）。

(6) 最高投标限价合计=6 435+225+94.5+715.00+672.26=8 141.76（万元）。

单位工程最高投标限价汇总表见下表。

序号	汇总内容	金额/万元	其中：暂估价/万元
1	分部分项工程费	6 435.00	
	其中：人工费＋机械费	1 500.00	
2	措施项目	225.00	

续表

序号	汇总内容	金额/万元	其中：暂估价/万元
2.1	单价措施项目	0.00	
2.2	总价措施项目	225.00	
3	不可竞争费	94.50	
3.1	安全文明施工费	94.50	
4	其他项目	715.00	
4.1	其中：暂列金额	200.00	
4.2	其中：专业工程暂估价	500.00	500.00
4.3	其中：计日工		
4.4	其中：总包服务费	15.00	
5	税金	672.26	
最高投标限价合计＝1＋2＋3＋4＋5		8 141.76	500.00

案例五

1. 工程预付款＝420×20％＝84.00（万元）。

起扣点＝420－84/60％＝280.00（万元）。（起扣点＝价款总额－预付款/材料比重）

2. 各月拨付工程款为：

(1) 3月：工程款40万元，累计支付工程款40.00万元。

(2) 4月：工程款90万元，累计支付工程款＝40＋90＝130.00（万元）。

(3) 5月：工程款＝200－（200＋130－280）×60％＝170.00（万元）。

累计支付工程款＝130＋170＝300.00（万元）。

3. 工程结算总造价＝420＋420×60％×12％＝450.24（万元）。

甲方应付工程结算价款＝450.24×（1－3％）－300－84＝52.73（万元）。

案例六

1. 合同价＝［1 050×20/10 000＋200＋8＋30＋50×（1＋5％）］×（1＋2.92％）×（1＋9％）＝292.6×1.029 2×1.09＝328.25（万元）。

2. 每月业主向承包商支付工程进度款：

第1月：

业主应支付工程款＝［200×20/10 000＋（200＋8）/3］×（1＋2.92％）×（1＋9％）×90％＝69.73×1.029 2×1.09×90％＝70.41（万元）。

第2月：

业主应支付工程款＝［500×20/10 000＋（200＋8）/3＋3］×（1＋2.92％）×（1＋9％）×90％－40/2＝54.04（万元）。

第3月：

甲分项工程实际完成工程量超过清单工程量的15％，超过15％的部分工程量＝1 300－1 050×（1＋15％）＝92.50（m），其综合单价调整为：20×0.9＝18（元/m）。

业主应支付工程款＝［（600－92.5）×20/10 000＋92.5×18/10 000＋（200＋8）/3＋45×（1＋5％）］×（1＋2.92％）×（1＋9％）×90％－40/2＝98.90（万元）。

3. 分项工程费用调整：

甲分项工程费用增加＝（1 050×15％×20＋92.5×18）/10 000＝0.48（万元）。

4. 实际工程总造价＝（1 050×20/10 000＋0.48＋200＋8＋3＋45×1.05）×（1＋2.92％）×（1＋9％）＝292.61（万元）。

[实际完成合同价款＝签约合同价（调整后的）＝分部分项工程费＋措施项目费＋签证、计日工、专业分包工程、总承包服务费＋规费＋增值销项税]

5. 工程质量保证金＝292.61×3％＝8.78（万元）。

6. 竣工结算最终支付工程款＝292.61－（70.41＋54.04＋98.90）－40－8.78＝20.48（万元）。

案例七

1. （1）承包商应承担的损失包括：持续 10 天的季节性大雨造成的工期延误（如果有），季节性大雨造成施工单位人员窝工 180 工日，机械闲置 60 个台班；山体滑坡和泥石流事件中造成 A 工作施工机械损失 8 万元，基坑及围护支撑结构损失 30 万元，施工办公设施损失 3 万元，施工人员受伤损失 2 万。

发包商应承担的损失包括：山体滑坡和泥石流事件使 A 工作停工 30 天，施工待用材料损失 24 万元，修复工作发生人材机费用 21 万元。

（2）施工单位可以获得的费用补偿数额＝[24＋21×（1＋10％）×（1＋6％）]×（1＋4％）×（1＋11％）＝55.97（万元）。

（3）项目监理机构应批准的工期延期天数为 30 天。

理由：遇到了持续 10 天的季节性大雨属于一个有经验的承包商可以合理预见的，导致的工期延误不可索赔。山体滑坡和泥石流属于不可抗力，发生不可抗力事件导致工期延误的，此工期延误的风险应由发包人承担，工期应相应顺延。因 A 工作为关键工作，其因不可抗力停工 30 天必然会影响总工期 30 天，因此项目监理机构应批准的工期延期为 30 天。

2. 事件 2 中，应给施工单位的窝工补偿费用＝（150×50＋20×1 500×60％）×（1＋4％）×（1＋11％）＝29 437.20（万元）。

修改后的基础分部工程增加的工程造价＝25×（1＋10％）×（1＋6％）×（1＋25％）×（1＋4％）×（1＋11％）＝42.06（万元）。

案例八

1. 因不可抗力事件导致的人员伤亡、财产损失及其费用增加，发承包双方应按以下原则分别承担并调整合同价款和工期：

（1）合同工程本身的损害、因工程损害导致第三方人员伤亡和财产损失以及运至施工场地用于施工的材料和待安装的设备的损害，由发包人承担。

（2）发包人、承包人人员伤亡由其所在单位负责，并承担相应费用。

（3）承包人的施工机械设备损坏及停工损失，由承包人承担。

（4）停工期间，承包人应发包人要求留在施工场地的必要的管理人员及保卫人员的费用由发包人承担。

（5）工程所需清理、修复费用，由发包人承担。

（6）因发生不可抗力事件导致工期延误的，工期相应顺延。发包人要求赶工的，承包人应采取赶工措施，赶工费用由发包人承担。

2. （1）遭暴风雨袭击造成的损失，应由建设单位承担赔偿责任。

处理：遭受暴风雨不可抗力的袭击，损失由发包人、承包人各自承担。

（2）已建部分工程造成破坏，损失 26 万元，应由建设单位承担修复的经济责任。

处理：工程本身的损害由发包人承担。

（3）此灾害造成施工单位人员 8 人受伤。处理伤病医疗费用和补偿金总计 2.8 万元，建设单位应给予补偿。

处理：发包人、承包人人员伤亡由其所在单位负责，并承担相应费用。

（4）施工单位现场使用的机械、设备受到损坏，造成损失 6 万元；由于现场停工造成机械台班费损失 2 万元，工人窝工费 4.8 万元，建设单位应承担修复和停工的经济责任。

处理：遭受暴风雨不可抗力的袭击，损失由施工单位负责。

（5）此灾害造成现场停工 5 天，要求合同工期顺延 5 天。

处理：因发生不可抗力事件导致工期延误的，工期相应顺延。

（6）由于工程被破坏，清理现场需费用 2.5 万元，应由建设单位支付。

处理：工程所需清理、修复费用，由发包人承担。

专题三 综合案例

案例一

1. （1）避雷网（25×4镀锌扁钢）工程量计算：

   ［（8＋14＋8）×2＋（11.5＋2.5）×4＋（21－18）×4］×（1＋3.9％）＝132.99（m）。

   或：

   {［（11.5＋2.5）×2＋8×2］×2＋14×2＋（21－18）×4}×（1＋3.9％）＝132.99（m）。

（2）避雷引下线（利用主钢筋）工程量计算：

   （21－1.8＋0.6）×4＋（18－1.8＋0.6）×2＝79.2＋33.6＝112.80（m）

（3）接地母线（埋地40×4镀锌扁钢）工程量计算：

   ［5×18＋（3＋0.7＋1.8）×5＋（3＋2.5＋0.7＋1.8）］×（1＋3.9％）＝130.39（m）。

   或：［5×18＋3×6＋2.5＋（1.8＋0.7）×6］×（1＋3.9％）＝130.39（m）。

分部分项工程和单价措施项目清单与计价表见下表。

工程名称：标准厂房　　　　　　　　　　　　　　　　　　　　　　　　　　标段：防雷接地工程

序号	项目编码	项目名称	项目特征描述	计量单位	工程量	金额/元		
						综合单价	合价	其中：暂估价
1	030409001001	接地极	角钢接地极L 50×50×5 L＝2.5m 埋深0.7m	根	19	141.37	2 686.03	
2	030409002001	接地母线	镀锌扁钢40×4 接地母线 埋深0.7m	m	130.39	48.14	6 276.97	
3	030409003001	避雷引下线	利用建筑物柱内主筋引下，每处引下线焊接2根主筋，共6处，每一引下线设一断接卡子	m	112.8	19.28	2 174.78	
4	030409005001	避雷网	避雷网镀锌扁钢25×4沿屋顶女儿墙敷设	m	132.99	21.15	2 812.74	
5	030414011001	接地装置调试	避雷网接地电阻测试	系统	1	2 099.92	2 099.92	
			合计				16 050.44	

2. 综合单价分析表见下表。

项目编码	030409003001		项目名称	避雷引下线		计量单位		m	工程量		120
清单综合单价组成明细											
定额编号	定额项目名称	定额单位	数量	单价				合价			
				人工费	材料费	机械费	管理费和利润	人工费	材料费	机械费	管理费和利润
2-746	避雷引下线利用建筑物主筋引下	10m	0.100	77.90	16.35	67.41	31.16	7.79	1.64	6.74	3.12
2-747	断接卡子制作安装	10套	0.005	342.00	108.42	0.45	136.80	1.71	0.54	0	0.68
人工单价		小计						9.50	2.18	6.74	3.80
95元/工日		未计价材料费						0			
清单项目综合单价								22.22			

	主要材料名称、规格、型号	单位	数量	单价/元	合价/元	暂估单价/元	暂估合价/元
材料费明细							
	其他材料费			—		—	
	材料费小计			—		—	

案例二

1. 该管道系统单位工程各项费用计算结果见下表。

序号	汇总内容	金额/万元	其中：暂估价/万元
1	分部分项工程	6 600.00	
1.1	其中：人工费	600.00	
2	措施项目	252.00	
2.1	其中：安全文明施工费	120.00	
2.2	其中：脚手架搭拆费	60.00	
2.2.1	其中：人工费	12.00	
2.3	其中：其他措施项目费	72.00	
2.3.1	其中：人工费	28.80	
3	其他项目	715.00	
3.1	其中：暂列金额	200.00	
3.2	其中：专业工程暂估价	500.00	
3.3	其中：计日工		
3.4	其中：总包服务费	15.00	
4	规费	137.76	

续表

序号	汇总内容	金额/万元	其中：暂估价/万元
5	税金	847.52	
招标控制价合计＝1＋2＋3＋4＋5		8 552.28	

各项费用的计算过程：

（1）分部分项工程费合计＝6 000.00＋6 000.00×10％×（40％＋60％）＝6 600.00（万元）。

　　　其中人工费＝6 000.00×10％＝600.00（万元）。

（2）措施项目清单费：

　　　脚手架搭拆费＝48.00＋48.00×25％×（40％＋60％）＝60.00（万元）。

　　　安全文明施工费＝600.00×20％＝120.00（万元）。

　　　其他措施项目费＝600.00×12％＝72.00（万元）。

　　　措施项目费合计＝60.00＋120.00＋72.00＝252.00（万元）。

　　　其中人工费＝48×25％＋（600.00×20％＋600.00×12％）×40％＝88.80（万元）。

（3）其他项目费＝200.00＋500.00＋500.00×3％＝715.00（万元）。

（4）规费＝（600.00＋88.80）×20％＝137.76（万元）。

（5）税金＝（6 600.00＋252.00＋715.00＋137.76）×11％＝847.52（万元）。

（6）招标控制价合计＝6 600.00＋252.00＋715.00＋137.76＋847.52＝8 552.28（万元）。

2. 该管道系统（阀门、法兰安装除外）分部分项工程和单价措施项目清单与计价表见下表。

序号	项目编码	项目名称	项目特征描述	计量单位	工程量	综合单价	合价	其中：暂估价
1	030802001001	中压碳钢管道	无缝钢管 $D89×4mm$，氩电联焊，水压试验，空气吹扫	m	4			
2	030802001002	中压碳钢管道	无缝钢管 $D76×4mm$，氩电联焊，水压试验，空气吹扫	m	26			
3	030802001003	中压碳钢管道	无缝钢管 $D57×3.5mm$，氩电联焊，水压试验，空气吹扫	m	2.6			
4	030805001001	中压碳钢管件	$DN80$，冲压弯头，氩电联焊	个	1			
5	030805001002	中压碳钢管件	$DN70$，冲压弯头，氩电联焊	个	15			
6	030805001003	中压碳钢管件	$DN70$，挖眼连接，氩电联焊	个	4			
7	030805001004	中压碳钢管件	$DN50$，冲压弯头，氩电联焊	个	1			
8	030815001001	管架制作安装	除锈、刷防锈漆调和漆两遍	kg	40			
9	030816003001	X光射线探伤	胶片 $80mm×150mm$，管壁 $\delta＝4mm$	张	108			
10	030816005001	超声波探伤	$DN100$ 以内	口	13			
11	031201001001	管道刷油	除锈、刷防锈漆、调和漆两遍	m²	7.79			
12	031201003001	金属结构刷油	除锈、刷防锈漆、调和漆两遍	kg	40			

分部分项工程清单工程量的计算过程：

（1）无缝钢管 $D89\times4$ 安装工程量＝2＋1.1＋（2.5－1.6）＝4（m）。

（2）无缝钢管 $D76\times4$ 安装工程量＝［0.3＋（2－1.3）＋1.1＋0.6＋2.1＋（0.3＋2－1）×2］＋［2.1＋（2.8－1.2）×2＋0.5＋0.3＋0.8＋2＋（0.6×2）］＋［（0.3＋0.9＋2.8－1.2）×2＋2＋0.9］＝7.4＋10.1＋8.5＝26（m）。

（3）无缝钢管 $D57\times3.5$ 安装工程量＝（0.3＋0.2＋0.5）＋（0.6＋0.2）×2＝1＋1.6＝2.6（m）。

（4）管架制作安装工程量＝42.4/1.06＝40（kg）。

（5）$D76\times4$ 管道焊缝 X 射线探伤工程量：

每个焊口的胶片数量＝0.076×3.14/（0.15－0.025×2）＝2.39（张），取 3 张。

36 个焊口的胶片数量＝36×3＝108（张）。

（6）$D76\times4$（$DN70$）法兰焊缝超声波探伤工程量＝1＋2＋2＋2＋2＋4＝13（口）。

（7）管道刷油的工程量＝3.14×（0.089×4＋0.076×26＋0.057×2.6）＝7.79（m²）。

（8）管道支架刷油的工程量＝42.4/1.06＝40（kg）。

案例三

（1）各综合单价及合价见下表。

工程名称：办公楼工程　　　　　　　　　　　　　　　　　　　　　　　　标段：一层插座

序号	项目编码	项目名称	项目特征描述	计量单位	工程数量	金额/元		
						综合单价	合价	其中：暂估价
1	030404017001	配电箱	照明配电箱（AL1），嵌入式安装，尺寸：500mm×300mm×120mm	台	1	1 053.82	1 053.82	
2	030404018001	插座箱	户外插座箱（AX），嵌入式安装，尺寸：400mm×600mm×180mm	台	1	653.82	653.82	
3	030411001001	配管	镀锌电线管 DN15，沿砖、混凝土结构暗配	m	110	13.05	1 435.5	
4	030411001002	配管	镀锌电线管 DN20，沿砖、混凝土结构暗配	m	25	15.35	383.75	
5	030411004001	配线	管内穿线 BV－500 2.5mm²	m	320	4.88	1 561.6	
6	030411004002	配线	管内穿线 BV－500 4mm²	m	75	5.68	426	
7	030411006001	接线盒	暗装插座盒 86H50 型	个	13	8.64	112.32	
8	030411006002	接线盒	暗装地坪插座盒 100H60 型	个	12	15.78	189.36	
9	030404035001	插座	单相带接地暗插座 10A	套	13	23.61	306.93	
10	030404035002	插座	单相带接地地坪暗插座 10A	套	12	103.17	1 238.04	
			本页小计					
			合计				7 361.14	

分部分项工程费用合计为 7 361.14 元，其中，人工费为 1 388.60 元。

（2）单价措施项目费＝2 000＋2 000×13％×40％＝2 104.00（元）。

安全文明施工费＝7 361.14×3.5％＝257.64（元）。

措施项目合计＝2 104＋257.64＝2 361.64（元）。

（3）规费＝（1 388.6＋2 000×13％）×21％＝346.21（元）。

（4）税金＝（7 361.14＋2 104＋257.64＋346.21）×3％＝302.07（元）。

（5）投标报价合计＝7 361.14＋2 104＋257.64＋346.21＋302.07＝10 371.06（元）。

该单位工程招标控制价汇总表见下表。

序号	汇总内容	金额/元	其中：暂估价/元
1	分部分项工程	7 361.14	
1.1	其中：人工费	1 388.60 元	
2	措施项目	2 361.64	
2.1	其中：安全文明施工费	257.64	
3	其他项目	0	
4	规费	346.21	
5	税金	302.07	
投标报价合计＝1＋2＋3＋4＋5		10 371.06	

案例四

（1）PC20 暗配工程量：

水平：1.88＋0.7＋1.43＋3.6×4＋3.1×7＋2.4＋1.95＝44.46（m）。

垂直：（4＋0.05－1.5－0.8）＋（4＋0.05－1.3）×2＝7.25（m）。

合计：44.46＋7.25＝51.71（m）。

（2）PC40 暗配工程量：

水平：12.60m。

竖直：（1.5＋0.05）＋（0.5＋0.05）＝2.10（m）。

合计：12.60＋2.10＝14.70（m）。

（3）管内穿线 BV2.5mm^2 工程量：

1）三线：

水平：（1.88＋1.43＋3.6×2＋3.1×5＋2.4）×3＝85.23（m）。

竖直：（4＋0.05－1.5－0.8）×3＝5.25（m）。

预留：（0.6＋0.8）×3＝4.20（m）。

小计：85.23＋5.25＋4.20＝94.68（m）。

2）四线：

水平：（3.6×2＋3.1×2）×4＝53.60（m）。

3）五线：

水平：（0.7＋1.95）×5＝13.25（m）。

竖直：（4＋0.05－1.3）×2×5＝27.50（m）。

小计：13.25＋27.50＝40.75（m）。

合计：94.68＋53.60＋40.75＝189.03（m）。

（4）管内穿线 BV16mm^2 工程量：

水平：12.6×5＝63.00（m）。

竖直：［（1.5＋0.05）＋（0.5＋0.05）］×5＝10.50（m）。

预留：［（0.6＋0.8）＋（0.3＋0.3）］×5＝10.00（m）。

合计：63＋10.5＋10＝83.50（m）。

分部分项工程和单价措施项目清单与计价表见下表。

工程名称：配电房

序号	项目编码	项目名称	项目特征描述	计量单位	工程量	金额/元		暂估价
						综合单价	合价	
1	030404017001	配电箱	（1）总照明配电箱AL （2）非标定制，600mm×800mm×300mm（宽×高×厚） （3）嵌入式安装，底边距地1.5m （4）无端子外部接线2.5mm²3个 （5）压铜接线端子16mm²5个	台	1.00	4 297.73	4 297.73	
2	030404018001	插座箱	（1）插座箱AX （2）300mm×300mm×120mm（宽×高×厚） （3）嵌入式安装，底边距地0.5m	台	1.00	698.08	698.08	
3	030404034001	照明开关	（1）四联单控暗开关250V/10A （2）底边距地1.3m安装	个	2.00	27.30	54.60	
4	030411001001	配管	刚性阻燃管PC20砖、混凝土结构暗配CC、WC	m	51.71	11.28	583.29	
5	030411001002	配线	刚性阻燃管PC40砖、混凝土结构暗配FC、WC	m	14.70	17.39	255.63	
6	030411004001	配线	管内穿线BV2.5mm²	m	189.03	3.53	667.28	
7	030411004002	配线	管内穿线BV16mm²	m	83.50	13.55	1 131.43	
8	030412001002	配线	吸顶灯1×32W	套	2.00	124.98	249.96	
9	030412005001	荧光灯	（1）单管荧光灯，自带蓄电池1×28W （2）应急时间不小于120min，吸顶安装	套	8.00	144.94	1 159.52	

序号	项目编码	项目名称	项目特征描述	计量单位	工程量	金额/元		
						综合单价	合价	暂估价
10	030412005002	荧光灯	（1）双管荧光灯，自带蓄电池 2×28W （2）应急时间不小于 120min，吸顶安装	套	4.00	211.30	845.20	
		合计					9 942.72	

案例五

1. （1）钢管 $DN15$ 暗配工程量：

N1：$1.5+0.05+2.0+（3.0×6）+4.0+4.0+4.5+2.0+2.0=38.05$（m）。

N3：$1.5+0.05+2.0+（4.5×6）+（4.0×5）+5.0+（0.05+0.3）×25=64.30$（m）。

合计：$38.05+64.30=102.35$（m）。

（2）钢管 $DN20$ 暗配工程量：

N2：$1.5+0.05+20.0+（1.5-0.8+0.05）=22.30$（m）。

（3）管内穿线 BV2.5mm^2 工程量：

$102.35×3+（0.5+0.3）×6=307.05+4.8=311.85$（m）。

（4）管内穿线 BV4mm^2 工程量：

$（22.30+0.5+0.3+0.4+0.6）×3=72.30$（m）。

分部分项工程和单价措施项目清单与计价表见下表。

工程名称：办公楼   标段：一层插座

序号	项目编码	项目名称	项目特征描述	计量单位	工程量	金额/元		
						综合单价	合价	其中：暂估价
1	030404017001	配电箱	照明配电箱 AL1 型号：BQDC101 嵌入式安装 箱体尺寸：500×300×120	台	1	1 053.82	1 053.82	
2	03040418001	插座箱	户外插座箱 AX 防护等级：IP65 嵌入式安装 箱体尺寸：400×600×180	台	1	653.82	653.82	
3	030404035001	插座	单相带接地暗插座 10A	套	13	23.61	306.93	
4	030404035002	插座	单相带接地地坪暗插座 10A 型号：MDC-3T/130	套	12	103.17	1 238.04	

续表

序号	项目编码	项目名称	项目特征描述	计量单位	工程量	综合单价	合价	其中：暂估价
5	030411006001	接线盒	暗插座接线盒 86H50 型	个	13	8.64	112.32	
6	030411006002	接线盒	地坪暗插座接线盒 100H60 型	个	12	15.78	189.36	
7	030411001001	配管	钢管 DN15 砖、混凝土结构暗配	m	102.35	13.05	1 335.67	
8	030411001002	配管	钢管 DN20 砖、混凝土结构暗配	m	22.30	15.35	342.31	
9	030411004001	配线	管内穿线照明线路 BV-500 2.5mm²	m	311.85	4.88	1 521.83	
10	030411004002	配线	管内穿线照明线路 BV-500 4mm²	m	72.30	5.68	410.66	
			合计				7 164.76	

2. 综合单价分析表见下表。

工程名称：办公楼 标段：一层插座

项目编码	030411004001		项目名称	配线		计量单位	m		工程量	300	
清单综合单价组成明细											
定额编号	定额项目名称	定额单位	数量	单价				合价			
				人工费	材料费	机械费	管理费和利润	人工费	材料费	机械费	管理费和利润
4-13-5	管内穿照明线 2.5mm²	10m	0.10	8.10	2.70	0	3.24	0.81	0.27	0	0.32
人工单价		小计						0.81	0.27	0	0.32
100 元/工日		未计价材料费						3.48			
清单项目综合单价								4.88			
材料费明细	主要材料名称、规格、型号				单位	数量	单价/元	合价/元	暂估单价/元	暂估合价/元	
	绝缘导线 BV-500 2.5mm²				m	1.16	3.00	3.48			
	其他材料费						—	0.27	—		
	材料费小计/元						—	3.75	—		

案例六

1. 分部分项清单工程量：

(1) DN200 管道：

1) 环网：纵 4×（219−119）＋横 2×（631−439）＝4×100＋2×192＝400＋384＝784（m）。

第五章必刷

2）动力站进出管、接市政管网：

（645－625－2）＋（631－625－2）＋（119－105）＝18＋4＋14＝36（m）。

小计：784＋36＝820.00（m）。

（2）DN150管道：

地上式消防水泵接合器支管：

（227－219）＋（1.1＋0.7）＋（119－111）＋（1.1＋0.7）＝8＋1.8＋8＋1.8＝19.60（m）。

（3）DN100管道：

1）接各建筑物支管：（材料库＋综合楼＋预制＋机制＋装配＋机修＋成品库＋包装）＝（4×2）＋（479－439）＋（4.5－1.5）×2＋4＋4＋（539－509）＋（4.5－1.5）×2＋4＋4＋4＋（631－613）＋（4.5－1.5）＋（4×2）＝8＋40＋6＋4＋4＋30＋6＋4＋4＋4＋18＋3＋8＝139.00（m）。

2）地上式消火栓支管：（2＋0.45＋1.1）×10＝3.55×10＝35.50（m）。

3）地下式消火栓支管：（2＋1.1－0.3）×4＝2.8×4＝11.20（m）。

小计：139＋35.5＋11.2＝185.70（m）。

（4）地上式消火栓SS100-1.6：3×2＋2×2＝10（套）。

（5）地下式消火栓SX100-1.6：2＋2＝4（套）。

（6）消防水泵接合器：2套。

（包括：消防水泵接合器SQ150-1.6，2套；DN150闸阀，2个；止回阀，2个；安全阀，2个及其配套附件）

（7）水表组成：DN200 1组。

（包括：水表LXL-1.6，1个；DN150闸阀，2个；止回阀，1个；法兰及配套附件）

（8）DN200阀门：

主管线闸阀：Z41T-16，7个。

（9）DN100阀门：

消火栓支管闸阀：Z41T-16，4＋10＝14（个）。

各建筑物入口支管闸阀：Z41T-16，12个。

小计：14＋12＝26（个）。

2.分部分项工程和单价措施项目清单与计价表见下表。

工程名称：某厂区　　　　　　标段：室外消防给水管网安装　　　　　　第1页　共1页

序号	项目编码	项目名称	项目特征描述	计量单位	工程量	金额/元		
						综合单价	合价	其中：暂估价
1	030901002001	消火栓钢管	室外、DN200镀锌无缝钢管焊接法兰连接、水压试验、水冲洗	m	800.00			
2	030901002002	消火栓钢管	室外、DN150镀锌无缝钢管焊接法兰连接、水压试验、水冲洗	m	20.00			

续表

序号	项目编码	项目名称	项目特征描述	计量单位	工程量	金额/元		
						综合单价	合价	其中：暂估价
3	030901002003	消火栓钢管	室外、DN100 镀锌无缝钢管焊接法兰连接、水压试验、水冲洗	m	18.00			
4	030901011001	室外消火栓	地上式消火栓 SS100-1.6（含弯管底座等附件）	套	8			
5	030901011002	室外消火栓	地下式消火栓 SX100-1.6（含弯管底座等附件）	套	5			
6	030901012001	消防水泵接合器	地上式消防水泵结合器 SQ150-1.6 包括：DN150 闸阀 Z41T-16 DN150 止回阀 H41T-16 DN150 安全阀 A41H-16 弯管底座等附件	套	3			
7	031003013001	水表	DN200 水表 LXL-1.6 包括： DN200 闸阀 Z41T-16 DN200 止回阀 H41T-16 DN200 平焊法兰	组	1			
8	031003003001	焊接法兰阀门	闸阀 Z41T-16 DN200	个	12			
9	031003003002	焊接法兰阀门	止回阀 H41T-16 DN200	个	2			
10	031003003003	焊接法兰阀门	闸阀 Z41T-16 DN100	个	25			
		本页小计						
		合计						

注：各分项之间用横线分开。

3. 综合单价分析表见下表。

工程名称：某厂区　　　　标段：室外消防给水管网安装　　　　第1页共1页

项目编码	030901011001		项目名称	室外地上式消火栓 SS100	计量单位		套	工程量	1
清单综合单价组成明细									

定额编号	定额名称	定额单位	数量	单价				合价			
				人工费	材料费	机械费	管理费和利润	人工费	材料费	机械费	管理费和利润
1	室外地上式消火栓 SS100	套	1	75.00	200.00	65.00	75.00	75.00	200.00	65.00	75.00
人工单价		小计						75.00	200.00	65.00	75.00
元/工日		未计价材料费						370.00			

续表

项目编码	030901011001	项目名称	室外地上式消火栓 SS100	计量单位	套	工程量	1

	清单项目综合单价				785.00		

材料费明细	主要材料名称、规格、型号	单位	数量	单价/元	合价/元	暂估单价/元	暂估合价/元
	地上式消火栓 SS100	套	1	280.00	280.00		
	地上式消火栓 SS100 配套附件	套	1	90.00	90.00		
	其他材料费						
	材料费小计			370.00			

4. 消防水炮安装综合单价＝（290＋120×0.6＋120×0.4＋420）×（446 200/485 000）＝763.60（元）。

承包人报价浮动率＝（1－中标价/招标控制价）×100％。

真题汇编

一、单项选择题

1. 【答案】B

   【解析】其他项目费包括：暂估价、暂列金额、计日工、总承包服务费。

2. 【答案】D

   【解析】风管制作安装按设计图示尺寸以展开面积计算，不扣除检查口、测定孔、送风口、吸风口所占面积。

3. 【答案】A

   【解析】管道的标高符号一般标注在管道的起点或终点，标高数字对于给水管道、采暖管道是指管道中心处的位置相对于±0.000 的高度。

4. 【答案】B

   【解析】阀门型号见下图。

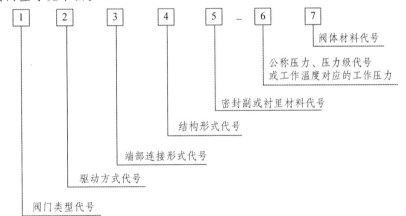

   阀门压力表示举例：

   Z942W-1 阀门公称压力：$PN0.1$ 或 $PN=0.1$MPa。

   Q21F-40P 阀门公称压力：$PN4.0$ 或 $PN=4.0$MPa。

   G6K41J-6 阀门公称压力：$PN0.6$ 或 $PN=0.6$MPa。

   D741X-2.5 阀门公称压力：$PN0.25$ 或 $PN=0.25$MPa。

   J11T-16 阀门公称压力：$PN1.6$ 或 $PN=1.6$MPa。

   选项 A，公称压力为 0.1MPa；选项 B，公称压力为 1.0MPa；选项 C，公称压力为 10MPa；选项 D，公称压力为 0.01MPa。

5. 【答案】C

   【解析】识读详图，了解消防水泵房中供水管道的具体敷设方式与布设走向，其供水干管、支管与其他连接附件所选用的型号、规格、数量和管径的大小，消防水池、消防水箱的型号、数量、规格，以及安装方式、安装位置等。详图是消防给水系统工程施工及算量中最重要的一部分，它直接关系工程质量。

6. 【答案】C

   【解析】干管应包括供水干管与回水干管两部分。选项 A 正确。计算时应从底层供暖管道入口处（室内、外以入口阀门或建筑物外墙皮 1.50m 为界）开始，沿着干管走向，直到建筑内部各干管末端为止，同时还应包括供水干管最高点自动排气阀接出的放气管。选项B正确。计算时应先从大管径开始，逐步计算至小管径，此时应特别注意干管管径的变化位置（即大管径与小管径的分界线，应在小管径前的第一个分流点处），并应掌握管道的安装位置及尺寸。选项C错误。主干立管应按管道系统轴测图中所注标高计算。选项D正确。

7. 【答案】B

【解析】对计日工报价时，投标人应按招标人在其他项目清单中列出的项目和数量，自主确定综合单价并计算计日工费用。一般情况下，计日工中的人工单价和施工机械台班单价应按工程造价管理机构公布的单价计算，计日工中的材料单价应按工程造价管理机构发布的工程造价信息中的材料单价计算，工程造价信息未发布材料单价的材料，其价格应按市场询价确定的单价计算。编制竣工结算时，计日工的费用应按发包人实际签证确认的数量和投标人所填报的相应计日工综合单价计算。

8. 【答案】C

【解析】电缆预留长度见下表。

序号	预留长度名称	预留长度/m/根	说明
1	电缆敷设弛度、波形弯度、交叉	2.5%	按电缆全长计算
2	电缆进入建筑物处	2.0m	规范规定最小值
3	电缆进入沟内或吊架时引上（下）预留	1.5m	规范规定最小值
4	变电所进线与出线	1.5m	规范规定最小值
5	电力电缆终端对	1.5m	可供检修的余量
6	电缆中间接头盒	两端各2.0m	可供检修的余量
7	电缆进入控制屏、保护屏及模拟盘、配电箱等	高+宽	按盘面尺寸
8	电缆进入高压开关柜、低压动力盘、箱	2.0m	盘、柜下进出线
9	电缆至电动机	0.5m	从电动机接线盒起算
10	厂用变压器	3.0m	从地坪算起
11	电梯电缆与电缆架固定点	每处0.5m	规范规定最小值
12	电缆绕梁柱等增加长度	按实计算	按被绕物断面计算

9. 【答案】A

【解析】直联式风机按风机本体及电动机、变速器和底座的总重量计算；非直联式风机以本体和底座的总重量计算，不包括电动机重量，但电动机的安装已包括在定额内。泵安装根据设备类型、重量，以"台"为计量单位计算设备重量时：①直联式泵按泵本体、电动机和底座的总重量计算。②非直联式泵按泵本体及底座的总重量计算，不包括电动机重量，但包括电动机的安装。③离心式深水泵按泵本体、电动机、底座及扬水管的总重量计算。

10. 【答案】D

【解析】规费内容包括：①社会保障保险。社会保障保险包括养老保险（劳保统筹基金）、失业保险、医疗保险、工伤保险、残疾人就业保险、女工生育保险。②住房公积金。③危险作业意外伤害保险。

11. 【答案】D

【解析】为了说明流水施工在时间和空间上的展开情况，采用若干参数如施工层（段）、流水节拍、流水步距，这些参数称为流水参数。流水步距指相临两个施工班组相继投入同一施工段开始工作的时间间隔。

12. 【答案】D

【解析】按介质压力分：①真空管道：$P < 0$MPa；②低压管道：$0 < P \leqslant 1.6$MPa；③中压管道：$1.6 < P \leqslant 10$MPa；④高压管道：$10 < P \leqslant 42$MPa。

13. 【答案】C

【解析】地下人防通风系统：风管与配件制作，部件制作，风管系统安装，风机与空气处理设备安装，风管与设备防腐，过滤吸收器、防爆波活门、防爆超压排气活门等专用设备安装。

14. 【答案】C

【解析】复合型风管、玻璃钢通风管道工作量按设计图示外径尺寸以展开面积计算。

15. 【答案】D

【解析】地漏水封高度不得小于50mm。

16. 【答案】D

【解析】末端试水装置是安装在系统管网或分区管网的末端，检验系统启动、报警及联动等功能的装置。自动喷水灭火系统末端试水装置是喷洒系统的重要组成部分。

17. 【答案】A

【解析】管径小于或等于100mm的镀锌钢管应采用螺纹连接，套丝时破坏的镀锌层表面及外露螺纹部分应做防腐处理；管径大于100mm的镀锌钢管应采用法兰或卡套式专用管件连接，镀锌钢管与法兰连接处应二次镀锌。

18. 【答案】B

【解析】常用电缆的型号及主要用途见下表。

型号	名称	主要用途
YHZ	中型橡套电缆	500V，电缆能承受相当机械外力
YHC	重型橡套电缆	500V，电缆能承受较大机械外力
YHH	电焊机用橡套软电缆	供连接电源用
YHHR	电焊机用橡套特软电缆	主要供连接卡头用
VV系列 VLV系列	聚氯乙烯绝缘、聚氯乙烯护套电力电缆	用于固定敷设，供交流电压500V以下或直流电压1 000V以下电力线
YJV系列	交联聚乙烯绝缘、聚氯乙烯护套电力电缆	用于室内、隧道、电缆沟、地下及管道中，供高压电力线路用

19. 【答案】B

【解析】支架上电缆的排列水平允许间距：高低压电缆为150mm，低压电缆不应小于35mm，且不应小于电缆外径，控制电缆间净距不做规定。高压电缆和控制电缆之间净距不应小于100mm。

20. 【答案】B

【解析】滑触线安装附加和预留长度按下表规定计算（单位：m/根）。

真题汇编 必刷

序号	项目	预器长度	说明
1	圆钢、铜母线与设备连接	0.2	从设备接线端子接口起算
2	圆钢、铜滑触线终端	0.5	从最后一个固定点起算
3	角钢滑触线终端	1.0	从最后一个支持点起算
4	扁钢滑触线终端	1.3	从最后一个固定点起算
5	扁钢母线分支	0.5	分支线预留
6	扁钢母线与设备连接	0.5	从设备接线端子接口起算
7	轻轨滑触线终端	0.8	从最后一个支持点起算
8	安全节能以及其他滑触线终端	0.5	从最后一个固定点起算

二、多项选择题

21.【答案】AE

【解析】防火控制装置包括电动防火门、防火卷帘门、正压送风阀、排烟阀、防火控制阀、消防电梯调试。

22.【答案】AD

【解析】给排水、采暖、燃气管道工程量清单工程量计算规则：按设计图示管道中心线长度以长度计算，不扣除阀门、管件（包括减压器、疏水器、水表、伸缩器等组成安装）及各种井类附属构筑物所占的长度；方形伸缩器以其所占长度按管道安装工程量计算。管道的水平长度按照平面图的尺寸计算；垂直长度则按照系统图的标高计算。室内水平管道的坡度不予考虑。

23.【答案】BCE

【解析】工业管道与其他专业的界线划分：给水应以入口水表井为界，排水应以厂区围墙外第一个污水井为界，蒸汽和燃气应以入口第一个计量表（阀门）为界，锅炉房、水泵房应以墙皮1.5m为界。

24.【答案】BCE

【解析】$YJV_{32}-4\times50+1\times25$ 表示：铝芯交联聚乙烯绝缘、聚氯乙烯内护套、细圆钢丝铠装、聚氯乙烯外护套、四芯 $50mm^2$，一芯 $25mm^2$ 电力电缆。

25.【答案】ABCE

【解析】镀锌钢管子目的相关内容见下表。

项目编码	项目名称	项目特征	计量单位	工程量计算规则	工作内容
031001001	镀锌钢管	(1) 安装部位			(1) 管道安装
031001002	钢管	(2) 介质 (3) 规格、压力等级 (4) 连接形式			(2) 管件制作、安装
031001003	不锈钢管	(5) 压力试验及吹、洗设计要求			(3) 压力试验
031001004	铜管	(6) 警示带形式			(4) 吹扫、冲洗

26.【答案】ABCD

【解析】室内采暖工程施工图识图方法：①了解建筑物内散热器的平面位置、种类、片数以及散热器的安装方式。②了解水平干管的布置方式、干管上的阀门、固定支架、补偿器等的平面布置、型号以及干管的管径。③通过立管编号查清系统立管数量和布置位置。④在热水采暖系统平面图上还标有膨胀水箱、集气管等设备的位置、型号以及设备上连接管道的平面布置和管道直径。⑤在蒸汽采暖系统平面图上还有疏水装置的平面布置以及其规格尺寸。⑥查明热媒入口及入口地沟情况。

27. 【答案】AB

【解析】安全阀按构造不同，主要分为弹簧式安全阀和杠杆式安全阀等。

28. 【答案】BCD

【解析】消声器安装、诱导器吊装均包括支架制作安装。

29. 【答案】BDE

【解析】沟槽恢复定额仅适用于二次精装修工程，选项 A 错误。给排水工程中，设置于管道井、封闭式管廊内的管道、法兰、阀门、支架安装，其定额人工乘以系数 1.2，选项 C 错误。

30. 【答案】BCDE

【解析】人工补偿器包括方形补偿器、波纹管补偿器、套筒式补偿器、球形补偿器。

三、案例题

案例一【浙江 2019】

1. 排水管道的工程量及其计算过程，见下表。

工程名称：某办公楼给排水工程

序号	项目名称	单位	计算式	合计
1	UPVC 排水管 $DN50$	m	$(0.2+1+3.5+0.4+0.9\times2+0.4\times5)\times14$	124.6
2	UPVC 排水管 $DN100$	m	$(4+1.1+3.4+0.4\times6)\times14+54+2+9.8+0.9$	219.3

2. 分部分项工程量清单项目表见下表。

工程名称：某办公楼给排水工程

序号	项目编码	项目名称	项目特征	计量单位	工程量
1	031001006001	UPVC 排水管	排水管道，室内安装，$DN50$，粘接，安装完毕后进行灌水试验	m	124.6
2	031001006002	UPVC 排水管	排水管道，室内安装，UPVC 塑料排水管，$DN100$，粘接，设置阻火圈，安装完毕后进行灌水试验	m	219.3
3	031002003001	套管	穿屋面地下室外墙钢性防水套管制作安装；钢性防水套管；$DN100$	个	2
4	031002003002	套管	排水立管穿楼板普通钢套管制作安装；普通钢套管；$DN150$	个	14
5	031004014001	给排水附件	地漏，$DN50$	个	28
6	031004014002	给排水附件	清扫口，$DN100$	个	14
7	031004003001	洗脸盆	陶瓷，台下式	个	14

续表

序号	项目编码	项目名称	项目特征	计量单位	工程量
8	031004006001	大便器	陶瓷，分体水箱坐式大便器	个	70
9	031004004001	洗涤盆	陶瓷，单嘴	个	28

案例二【陕西 2019】

1. 预付款＝975×20％＝195（万元）。

预付款起扣点 $T = P - M/N = 975 - 195/65\% = 675$（万元）。

即当累计结算工程价款为 675 万元时，应开始抵扣备料款，此时未完成工程价值为 300 万元。

2. （1）累计到 9 月，累计结算额＝125＋160＋220＝505（万元）＜675 万元，所以不需支付工程价款。

（2）累积到 10 月，累计结算额＝125＋160＋220＋260＝765（万元）＞675 万元，所以应开始扣还预付款，扣还预付款数额＝（765－675）×65％＝58.5（万元）。

所以应支付工程价款＝260－58.5＝201.5（万元）。

案例三【四川 2020】

1. （1）双联板式开关的清单工程量：1 个。

（2）双联板式开关暗装 定额编号：CD0472。

（3）根据调整系数（机械费 92.8％，综合费 105％，计价材料费 88％，摊销材料费 87％）对定额综合单价进行调整：52.80＋5.39×88％＋12.14×105％＝70.29（元/10 套）。

（4）双联开关安装清单项目的合价：（70.29/10＋1.02×15）×1＝22.33（元）。

2. （1）防水吊灯的清单工程量：1 套。

（2）防水吊灯定额编号：CD1934。

（3）根据调整系数（机械费 92.8％，综合费 105％，计价材料费 88％，摊销材料费 87％）对定额综合单价进行调整：55.77＋47.64×1.1×88％＋12.83×105％＝115.36（元/10 套）。

（4）防水吊灯安装清单项目的合价：（115.36/10＋1.01×42）×1＝53.96（元）。

3. （1）15A 五孔插座的清单工程量：4 套。

（2）15A 五孔插座暗装 定额编号：CD0508。

（3）根据调整系数（机械费 92.8％，综合费 105％，计价材料费 88％，摊销材料费 87％）对定额综合单价进行调整：65.26＋9.42×88％＋15.01×105％＝89.31（元/10 套）。

（4）插座安装清单项目的合价：（89.31/10＋1.02×20）×4＝117.32（元）。

案例四【江西 2020】

1. 风管制作费：

基价＝人工费×60％＋材料费×95％＋机械费×95％＝374.09×60％＋160.18×95％＋15.31×95％＝391.17（元/10m²）。

2. 风管安装人工费＝人工费×40％＋材料费×5％＋机械费×5％＝374.09×40％＋160.18×5％＋15.31×5％＝158.41（元/10m²）。

亲爱的读者：

　　如果您对本书有任何 **感受、建议、纠错**，都可以告诉我们。

我们会精益求精，为您提供更好的产品和服务。

　　祝您顺利通过考试！

扫码参与调查

环球网校造价工程师考试研究院